RELATION

D'UNE

EXCURSION AGRONOMIQUE

EN ANGLETERRE ET EN ÉCOSSE

EN 1840.

RELATION

D'UNE

EXCURSION AGRONOMIQUE

EN ANGLETERRE ET EN ÉCOSSE

En 1840.

Par le comte Conrad de Courcy.

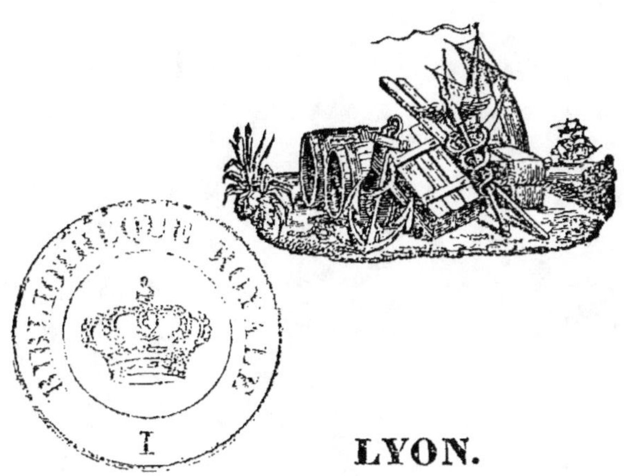

LYON.

IMPRIMERIE DE BARRET,

PLACE DES TERREAUX, 20.

1841.

PRÉFACE.

—————

Ami zélé de l'agriculture, de ses progrès et de sa prospérité en France, je désirais depuis long-temps voir les perfectionnements qui ont été apportés à cette science dans la grande Bretagne, et j'y ai fait une excursion de quelques mois, l'été dernier.

Je reconnais parfaitement mon incapacité pour écrire un traité sur la matière, et même pour rendre cette relation agréable ou intéressante par le style et le pittoresque ou le scientifique des descriptions.

Si j'ai, malgré cela, osé livrer mes notes à l'impression, c'est parce que j'étais intimement convaincu qu'il est essentiel de faire connaître aux cultivateurs français les perfectionnements atteints et adoptés par leurs voisins :

Dans la construction des instruments aratoires et des machines agricoles ;

Dans la manière d'assainir, de fumer, de cultiver et d'assoler leurs terres;

Dans les diverses races et espèces de bétail, sous le rapport du produit en lait, viande, laine, et sous celui de la précocité;

Dans la manière d'élever, de nourrir et d'engraisser les animaux;

Enfin, dans le mode de traitement et de rétribution adopté principalement en Écosse pour les domestiques.

Je décris ce que j'ai vu, je transmets les renseignements que m'ont donnés partout, avec une grande complaisance, les cultivateurs auxquels je me suis adressé, et par lesquels j'ai toujours été reçu avec une franche et bienveillante hospitalité, quel que fût leur rang dans la société.

Je désire beaucoup que cette facilité à être admis dans les fermes et à causer agriculture avec ces cultivateurs instruits et expérimentés, leur obligeante disposition à faire voir en détail leur culture, leurs troupeaux et leurs établissements, engagent et encouragent nos jeunes gens, fils de fermiers ou autres qui se vouent à cet état, le plus heureux et le plus utile de tous, à entreprendre une tournée et même un séjour dans l'Angleterre ou l'Écosse; ils en rapporteront des connaissances dont leur patrie profitera en même temps qu'eux.

Je désire aussi que le noble exemple donné par la majorité des grands propriétaires fonciers de ce pays-là soit suivi chez nous, et que les fermiers français trouvent chez les propriétaires des terres qu'ils cultivent, soit pour les baux à long terme, soit pour l'introduction de races d'animaux distingués et pour l'édification de bons bâtiments ruraux, soit pour l'amélioration des terres par des travaux d'assainissement, les facilités et la coopération qui seules peuvent assurer leur succès et augmenter ainsi la richesse du pays.

Si je me suis parfois écarté de mon sujet principal pour dire quelques mots sur les nombreuses choses qui m'ont frappé, c'est que j'ai pensé que cela pourrait aussi offrir quelque intérêt à mes lecteurs, et si encore je suis entré dans quelques détails sur l'intérieur des fermiers et leurs relations avec les propriétaires de leurs fermes, c'est que j'avais à cœur de faire voir qu'il y a dans cette classe d'hommes si éminemment utiles, plus d'instruction et d'éducation que partout ailleurs. C'est là ce qui leur donne une considération bien méritée dans toutes les classes de la société, et surtout auprès de cette riche et libérale aristocratie, qui possédant le sol, s'honore d'avoir des fermiers respectables sous tous les rapports, et dont beaucoup de membres figurent d'une manière distinguée dans le nombre des agriculteurs célèbres de leur pays.

J'ai pensé que pour une pareille relation, l'exactitude était plus nécessaire qu'un style fleuri, qui eût été hors de ma portée ; c'est ce qui m'a encouragé, et j'espère qu'on me pardonnera le genre de rédaction, en faveur de mes intentions et du but que je me suis proposé :

Être utile à l'agriculture de ma patrie !

RELATION

D'UNE

EXCURSION AGRONOMIQUE

EN ANGLETERRE ET EN ÉCOSSE

EN 1840.

Nous partîmes le 1er juillet 1840, à midi, M. Auguste Vilmorin et moi, seuls dans le coupé de la diligence, par un temps admirable, ayant de l'air de manière à ne souffrir ni de la chaleur ni de la poussière ; nous traversâmes un pays charmant et fort riche de culture jusqu'à quelques lieues au-delà de Beauvais. La diligence dîne dans cette ville, ce dont je profitai pour aller voir mon beau-frère, qui y est receveur-général : je le trouvai à table avec son aimable et nombreuse famille ; on me reçut à bras ouverts et je n'eus que le temps de dîner tout juste, avant qu'on vînt me chercher. La nuit ne dura qu'environ cinq heures ; le pays que nous traversâmes me parut fort laid et sans plantations.

Arrivés à Montreuil-sur-Mer, on nous fit déjeûner fort mal et très-cher. La ville paraît assez jolie ; il y a une nef de cathédrale dont nous ne pûmes voir que l'extérieur, qui nous parut admirable.

Nous ne pûmes découvrir la mer qu'à une petite distance de Boulogne, le temps était couvert et finit bientôt par une pluie fine avec un vent assez violent; cela ne nous empêcha pas d'aller visiter le port, dès que notre toilette fut faite; nous n'y vîmes que très-peu de bâtiments de commerce, deux bateaux à vapeur et force pêcheurs.

La jetée de l'entrée du port se prolonge fort avant dans la mer, afin d'éviter qu'elle soit comblée par le sable; ce travail a l'air d'être tout neuf et doit avoir coûté beaucoup; la plage est superbe pour les baigneurs; l'établissement des bains est fort beau et à proximité de plusieurs beaux hôtels, entre autres celui de la Marine et celui d'Albion; nous vîmes fort peu de baigneurs, car le temps était froid.

De là, nous grimpâmes une côte fort raide, et nous nous dirigeâmes vers la colonne construite en l'honneur de Napoléon; elle ressemble à celle de la place Vendôme, mais elle est en marbre; il est à craindre qu'elle ne dure pas des siècles, car elle paraît avoir joué sur sa base, et des ouvriers sont occupés à y remédier.

Nous redescendîmes du côté de la ville haute, où nous vîmes une longue rangée de petites maisons très-jolies, construites à l'anglaise et habitées par des anglais; nous vîmes ensuite les commencements d'une fort belle église, qui sera couronnée par un dôme; plus loin nous admirâmes un beau passage. Les rues de cette belle ville sont larges, bien bâties et garnies de très-beaux magasins : on pourrait se croire encore à Paris.

Comme nous n'étions arrivés qu'à midi et que le bateau à vapeur de Douvres était parti depuis une heure, nous fûmes forcés de rester jusqu'au lendemain à dix heures. Le bateau à vapeur de Londres est parti à deux heures du matin ; nous fûmes fort bien à l'hôtel du Nord, mais il est fort cher ; nous partîmes de Boulogne par un vent très-fort, mais heureusement favorable.

Nous restâmes sur le pont pendant trois heures et demie, malgré les arrosements périodiques de la mer ; mais enfin, une assez forte ondée nous força de nous réfugier dans la cabine, qui était pleine de voyageurs, et surtout de voyageuses dont plusieurs étaient charmantes, malgré l'indisposition, suite de la traversée. Arrivés à Douvres, fort heureux d'y être, mais fort souffrants, après une traversée de quatre heures, nous prîmes du thé sans lait et ne pûmes ni dîner ni souper ; après avoir attendu pendant deux heures nos bagages, nous fîmes notre toilette et je fus porter la lettre que je devais à l'obligeance de M. Adam, le frère du maire de Boulogne, qui lui-même était à Londres.

M. Latham, banquier à Douvres, me reçut à merveille, quoiqu'on l'eût dérangé de son dîner ; et il me promit pour le lendemain des lettres d'introduction pour des cultivateurs, ou des adresses de fermiers distingués. Je parcourus toute la ville, dont la partie neuve, bâtie sur la plage, au-dessous du château, est superbe ; les magasins sont fort bien. J'ai rencontré beaucoup de jolies femmes et des enfants bien plus beaux que ceux de France. Le 4 juillet, contre mon ordinaire, je n'ai pu m'endormir qu'à deux heures du matin, je suppose, par suite du mal de mer; le matin nous mangeâmes malgré nous et par précaution.

M. Latham, ce banquier qui est aussi le consul de France, me remit quatre lettres d'introduction et m'engagea à voir le *Romney Marsh*, pays considérable, enlevé anciennement à la mer par des digues immenses, qui sont en outre garnies d'une grande quantité de tours en briques. Ces digues sont très-larges ; de distance en distance il y a un fort ; tout cela fut construit pour la défense du pays, lors du fameux camp de Boulogne.

Nous passâmes ensuite auprès d'une levée énorme qu'on construisait pour le chemin de Douvres à Londres. On nous assura que ce relai de mer comportait vingt mille hectares ; une grande partie en est extrêmement fertile et d'une culture facile, mais à cause des dîmes et par routine, on n'en cultive qu'une très-petite quantité; le reste est en pâturages, couverts de moutons à longue laine assez fine et de forte taille, race de Kent, nourris à raison de quatre à cinq bêtes par quarante ares. Les meilleures parties de ces pâturages se louent 62 francs 50 cent. l'hectare ; les fermes n'ont presque pas de bâtiments d'exploitation, et le peu qui s'y trouve consiste en quelques mauvaises loges couvertes de chaume. Les bêtes à laine ne rentrent en aucun temps et n'ont pas le moindre abri, car les clôtures sont en chêne scié; il n'y a ni arbres, ni haies, le vent de mer les empêchant de croître. Une bonne partie de ces pâturages est couverte de petits roseaux ronds (ceux qui en France servent à lier les espaliers); bien que cela dénote de l'humidité dans le sol, les fermiers assurent cependant ne perdre habituellement que deux pour cent de leurs bêtes par hiver.

Cette année, la sécheresse est si forte dans ce pays, malgré le grand froid qu'il fait, que les prairies ne pourront pas se faucher, et que les pâtures les plus fertiles sont complètement rasées et les autres aussi desséchées que celle du midi de la France pendant les plus grandes sécheresses de l'été; à côté de cela il y a des champs de froment de toute beauté, des fèves et des pois admirables, et dans leurs terres maigres, des luzernes fort belles.

Cependant les meilleurs cultivateurs n'y labourent pas le quart de leurs terres; les fèves turneps sont très-propres et cultivées en lignes; la charrue du pays est très-mauvaise, sans roues et attelée de quatre superbes chevaux à la file; elle a un laboureur et un conducteur.

On y élève des chevaux, et j'ai vu de fort belles juments; on n'a des vaches que pour le lait consommé dans la ferme.

Les fermes sont de huit à douze cents acres de

quarantes ares et contiennent des troupeaux de mille à deux mille bêtes, qui donnent l'une dans l'autre six livres de laine lavée à dos, dont le prix, cette année, n'est que de 1 fr. 40 c. la livre anglaise ou demi-kilogramme ; on vend les béliers de 125 à 250 fr., les brebis de 37 à 62 fr. 50 c.

Nous avions suivi la route qui va de Margate par Douvres à Brighton ; elle est desservie par de charmantes voitures à deux chevaux, tout aussi beaux et aussi bien harnachés que ceux de la route de Londres, qui ont, ainsi que ceux de poste, fait notre admiration depuis que nous avons posé le pied en Angleterre.

Arrivés à Lydd, qui est à vingt-cinq milles de Douvres, nous fûmes très-bien accueillis par un riche propriétaire-cultivateur, nommé M. Robinson. Il n'en a pas été de même de la part des aubergistes, car nous fûmes refusés dans deux auberges, où il n'y avait cependant personne ; mais, en revanche, une troisième nous reçut et nous traita fort bien; nous y couchâmes et en repartîmes le lendemain matin, car c'était un dimanche, et nous ne pouvions pas nous présenter ce jour chez un autre cultivateur pour lequel nous avions une lettre ; nous fûmes obligés de louer une voiture exprès, car, le dimanche, les voitures ne circulent pas sur cette route.

Nous arrivâmes de bonne heure à Douvres et reprîmes une autre voiture pour aller chez M. Boys, à Malmains, six milles de Douvres, route de Margate ;

nous fûmes parfaitement accueillis de lui et de sa famille, quoique ce fût un dimanche; la maison n'est pas
belle à l'extérieur, mais à l'intérieur elle est charmante
et on ne peut mieux meublée. M. Boys, qui est un fort
bel et aimable homme, nous fit voir celle de ses deux
fermes dans laquelle il demeure, et nous donna ren-
dez-vous dans l'autre le lendemain matin, car elle
se trouve sur la route de Douvres à Londres. Il cultive en tout douze cents acres ou quatre cent quatre-
vingts hectares, qu'il ne paie pas tout-à-fait 20 schellings l'acre, environ 60 fr. par hectare; il y a à peu
près un quart en pâturage perpétuel, qui, formant un
parc, ne peut être labouré, à son grand regret. Il a
soixante-quatre hectares en froment très-beau, dont
partie sur terre de très-peu de profondeur reposant
sur la craie pure, et qu'il n'est pas possible de labourer à plus de trois pouces. Ces mauvaises terres
qu'il n'estime pas valoir 15 fr. l'hectare, lui donnent,
nous a-t-il dit, de vingt-cinq à vingt-huit hectolitres à
l'hectare. Les bonnes terres ensemencées en froment
dit *golden drop* qui est très-estimé des boulangers,
mais qui rapporte moins que le suivant, donnent de
trente à trente-cinq hectolitres, et celles semées en
salmon Brown lui produisent jusqu'à quarante-deux
hectolitres; cela me paraît bien fort, mais les récoltes sont magnifiques.

Son orge, qui est celle de Chevalier, la plus en
vogue dans toute l'Angleterre, donne jusqu'à quarante-
deux hectolitres. Ses navets sont fort bien levés et en

lignes ; le semoir en sème, et la houe à cheval en cultive trois lignes à la fois : pour cela il faut un cheval et deux garçons ; il met sept hectolitres de poussière d'os par hectare, ce qui lui coûte 62 fr. 50 c. Son assolement est de quatre ans : 1re année, navets fumés avec la poussière d'os et consommés sur place par les moutons ; 2me, orge ; 3me, trèfle parqué ; 4me, froment ; la moitié de la sole des trèfles la moins fertile est semée en *ray gras de Pacey* au lieu de trèfle, et reste trois ans pour pâturage et à se reposer. Sur les meilleures terres il sème du sainfoin qui reste de cinq à six ans, ou défriche le *ray gras*, soit par un labour qui est suivi d'avoine, soit par l'écobuage suivi de turneps ; le sainfoin est rompu par un labour dans les premiers jours d'août, on roule avec un rouleau en fonte très-pesant, on fait passer un scarificateur à pattes d'oies, on y amène vingt tombereaux à deux chevaux de fumier très-consommé, on sème à la volée deux hectolitres soixante-trois litres de froment par hectare, et puis on l'enterre avec le scarificateur ; on ne peut rien voir de plus beau que le froment qui a été semé ainsi. M. Boys m'a dit suivre cette méthode depuis douze ans, toujours avec le plus grand succès. Dans ses plus mauvaises terres il sème trois hectolitres passés. Il a plus de deux mille bêtes à laine de l'espèce des Southdown qui sont admirables : cette année, six cent quarante mères lui ont donné sept cent cinquante agneaux déjà arrivés à trois mois ; son troupeau qu'il tient de son beau-père est amélioré par lui depuis trente-huit ans.

Il nous a montré la tête empaillée d'une brebis qui a eu trois ans de suite le premier prix ; trois agnelles issues de cette brebis ont obtenu chacune trois prix, et la mère, ayant vécu fort long-temps, avait eu, en tout, dix-sept agneaux. Il nous a fait voir une brebis en très-bon état qui venait de sevrer son agneau, elle a douze ans. Il loue ses béliers depuis 131 fr. jusqu'à 1,310 fr. pour une saison, vend ses brebis à l'âge de quatre ans, de 37 fr. 50 c. à 75 fr. aux éleveurs. Les toisons sont de quatre livres en raie lavées à dos, et la laine vaut cette année de 1 fr. 40 c. à 1 fr. 50 c. la livre ; le prix moyen des laines est 1 fr. 80 c.

M. Boys m'a dit avoir obtenu des prix pour plus de 12,500 fr. pour son troupeau, plusieurs de 750 fr. Il nous a fait voir des béliers qui ont obtenu trois premiers prix, un bélier qui, loué à l'âge de quinze mois à un de ses voisins, a produit cette année cent soixante-dix agneaux ; il nous a montré un bélier de quatre ans qui lui a rapporté pour trois locations, la 1re année, 40 guinées; la 2me, 30; la 3me, 20, et qui a remporté trois prix montant à 30 guinées : cela fait 120 guinées ou 3,150 fr. ; et il en rapportera encore, car il fait servir ses béliers de choix quelquefois jusqu'à neuf et dix ans. Nous avons vu les trois béliers qu'il doit exposer à la réunion de la société d'agriculture anglaise à Cambridge, ils sont magnifiques et peuvent à peine marcher, tant ils so sont à la bergerie depuis la fin de novembre, époque où ils finissaient la lutte ; ils ont, depuis ce temps , mangé autant de tourteaux , de fourrage et de navets qu'ils ont voulu , et cela de la meilleure qualité ; ils sont maintenant au trèfle vert et sec , et toujours aux tourteaux de lin : je ne comprends pas comment ils ne crèvent pas de gras fondu. Il nous a montr un agneau auquel il reconnaît tant de mérite, qu'il nous a assuré que s'il en trouvait 50 guinées il ne le donnerait pas.

Ses béliers de concours sont couverts de toile, comme les chevaux de luxe.

Ses deux fermes ont une contenance de quatre cent quatre-vingts hectares.

La première qu'il habite n'a que douze hectares d'herbages permanents , et l'autre , à cause du parc, cent quarante-quatre hectares.

Les cultures sont réparties ainsi qu'il suit :

24 hectares en	sainfoin.
34	trèfle.
20	ray gras.
12	pois fourr.
8	féveroles.
32	turneps.
16	rutabagas.
64	froment.
56	orge Chevalier.
8	avoine.

Il espère récolter cette année seize cent quatre-vingt-six hectolitres de froment.

Les céréales, féveroles, pois et navets sont semés en lignes espacées, les graines céréales, de cinq pouces, et les autres, de quinze à dix-huit pouces; le semoir sème de ces dernières trois lignes à la fois, et jusqu'à sept hectolitres d'engrais pulvérulent par hectare. On sème ou l'on sarcle par jour, jusqu'à trois hectares, avec un cheval et deux garçons.

M. Boys m'a assuré dépenser plus de 25,000 fr. par an en main-d'œuvre, sans compter ce que coûtent les domestiques.

Six cents brebis parquent quatorze ares par nuit, le même nombre d'agneaux n'en parque que dix. Les brebis et agneaux cessent de parquer le 1er décembre et recommencent après l'agnelage ; pendant l'hiver on leur donne des turneps sur des gazons.

Les moutons mangent des navets dès qu'ils sont mûrs, vers le 1er octobre ; au parc, on leur donne, en outre, demi-livre de foin de trèfle par bête, et puis de la paille de fèves ou de pois, dont le surplus sert de litière sur le parc dans les champs mouillés. Le parc se change chaque nuit en été, mais sur les navets on le fait assez grand pour que les bêtes puissent y vivre pendant cinq ou six jours.

M. Boys a construit dans une carrière abandonnée des hangars pour l'agnelage.

Le parc du château, qui sert de pâturage, est plein de lièvres, perdrix et faisans : attendu qu'on ne tire pas dessus depuis plus de dix ans, le propriétaire vivant depuis cette époque en France.

L'herbe y est d'assez mauvaise qualité, les arbres y sont abondants et gigantesques, comme on n'en voit plus sur le continent.

Sept cent cinquante brebis environ y sont lâchées et réunies en peu d'instants par quelques sifflements du berger en chef ; cet homme qui est en même temps le maître-valet de cette ferme, qui n'est pas habitée par M. Boys, gagne 25 fr. par semaine, le second berger a 18 fr. 75 c. et le troisième 12 fr. 50 c. Ce superbe troupeau est bien égal pour les formes et la taille, il va sur les trèfles et même sur les sainfoins après la seconde année.

Quoique le comté de Kent soit presque entièrement sur un fonds calcaire, les troupeaux n'y sont pas sujets au sang ; MM. Boys pensent que ce qui occasionne cette maladie si terrible dans la Beauce, c'est que les fermiers laissent trop de grain dans la paille et ne donnent pas de racines à leurs troupeaux.

Tous les ans, les bêtes à laine sont lavées après la tonte, avec une décoction de tabac, eau de lessive et un peu d'arsenic ; M. Boys assure que cela améliore la toison tout en détruisant les poux, tics, et en empêchant les mouches de déposer leurs œufs sur les bêtes à laine.

M. Boys ne sème point de seigle pour le pâturage hâtif, mais bien du colza pour être consommé avant les turneps, par conséquent en septembre.

Il emploie vingt-quatre chevaux, il se sert de la charrue de Kent qui est très-lourde et à tourne-oreilles, et qui exige quatre chevaux qu'on attèle à la file ; cela suppose deux hommes. En général ses instruments aratoires ne sont ni bien choisis ni bien tenus ; je n'ai vu chez lui que deux instruments neufs et qui m'ont paru fort bien, une machine à concasser les tourteaux et un coupe-racine de Gardner. Il y a ici, ainsi que dans toutes les fermes du pays, un petit bâtiment en madriers et planches, élevé sur des piliers hauts de trois pieds, lesquels sont surmontés par un chapiteau en pierre dépassant le pilier, de manière à empêcher les rats et souris de pouvoir y grimper. Ces bâtiments servent de greniers, et j'y ai vu beaucoup de grain *en sacs*, où il est mieux qu'en tas, qui sont exposés à la poussière. Les meules de grain sont aussi élevées sur des piliers, ce qui les met à l'abri de l'humidité et des rats.

Un bon laboureur coûte de 250 à 350 fr., un journalier se paie 17 fr. 40 c. par semaine. Pendant la moisson il reçoit par jour 3 fr. 87 c. et la nourriture. M. Boys vend au boucher ses moutons gras de dix-huit mois à deux ans ; les brebis grasses pèsent de soixante à soixante-dix livres, les moutons de quatre-vingts à cent livres anglaises.

M. Boys a une vingtaine de petits bœufs des bruyères du pays de Galles, qu'il met dans le parc avec les brebis ; il les a achetés environ 175 fr. à l'âge de deux ans, et les vend ordinairement à trois ans 350 fr., sans qu'ils aient consommé autre chose que le pâturage.

Mlles Boys sont deux fort jolies personnes : l'une peint fort bien, son père nous a fait voir un album rempli de fleurs des champs peintes d'après nature avec beaucoup de talent ; l'autre est musicienne. Le fils de M. Boys était officier, mais il a renoncé à sa carrière pour se faire cultivateur ; il est fort bien. La mère de M. Boys qui est âgée de quatre-vingt-quatre ans, a eu douze enfants tous vivants dont le plus jeune a quarante-cinq ans.

La matinée du 6 juillet fut consacrée à parcourir la ferme éloignée, que MM. Boys font valoir ; ils voulurent bien répondre à toutes nos questions avec une extrême complaisance, et nous firent promettre de venir dîner avec eux, lors de notre retour en France. Après un excellent déjeûner, nous les quittâmes avec l'espérance de les revoir à Cambridge, et nous nous rendîmes à Canterbury.

Jusqu'alors nous avions vu partout de forts chevaux bien gras, mais excessivement lourds ; ici ils deviennent plus légers et sont toujours bons. En général le comté de Kent est sur la craie, et la couche arable est très-peu profonde ; cela n'empêche pas de voir presque partout de fort belles récoltes en tout genre. Les gazons dans les parcs sont rasés par les moutons et même brûlés par la sécheresse ; il y a des vergers et des houblonnières magnifiques. Les plus chétives cabanes sont presque toutes propres et soignées, leurs petits jardins très-bien tenus, remplis d'arbres fruitiers, de légumes et ornés de fleurs. Dans presque toutes les maisons, on voit, contre les croisées, des géraniums superbes. Ces croisées toujours fermées, comme en Hollande, même dans le mois de juillet, n'annoncent pas un climat agréable.

On voit beaucoup de châteaux entourés de parcs considérables, où se trouvent beaucoup de nouvelles plantations et surtout de vieux arbres superbes. Il y a une immense quantité de maisons de campagne, la plupart fort jolies et d'un entourage admirablement soigné.

Nous allâmes visiter, le 6 au soir, M. Palmer, pour lequel nous avions une lettre ; c'est un grand fermier qui a un très-beau troupeau New-Kent, amélioré par les béliers de M. Goord, depuis vingt ans ; il y avait deux jours qu'il avait eu une réunion de fermiers pour le louage de ses béliers. Il a mis cent vingt-huit béliers à l'enchère, et il ne lui en est resté qu'un ; le prix de la saison varie depuis 125 fr. jusqu'à 675 fr. Sa maison est dans une charmante position, d'où l'on jouit d'une fort belle vue sur l'embouchure de la Tamise. Il était occupé à faire la réforme de son troupeau ; il se composait de soixante-dix brebis et d'à peu près autant d'agneaux, qu'un de ses amis, qui forme un troupeau, lui achetait. Il a la coutume de ne pas vendre de ses brebis à d'autres fermiers, afin qu'on ne puisse pas entrer en concurrence avec lui pour les béliers. Il nous a fort bien reçus, nous a offert une bonne collation et nous a engagés à revenir le voir lors de notre retour. Ses occupations nous empêchèrent de lui demander tous les renseignements que nous désirions.

Le 7 au matin, nous prîmes une diligence qui nous conduisit à Sittingburn, petite ville assez jolie, dans une fort belle situation ; le pays m'a paru riche et toujours bien cultivé. De là, nous nous rendîmes à pied chez M. Goord, dont le troupeau New-Kent est le premier pour l'ancienneté et la beauté ; il a commencé à le former, il y a cinquante ans, et n'a plus pris de béliers hors du troupeau depuis quarante-cinq ans ; cependant il n'en a éprouvé aucun mauvais résultat, son troupeau est très-vigoureux et se reproduit très-bien.

M. Goord, qui a quatre-vingt-quatre ans, était à près d'une lieue de son habitation lorsque nous le rencontrâmes revenant chez lui ; cela ne l'empêcha pas de retourner sur ses pas pour nous faire voir son beau troupeau, qui est dans des pâturages dans le genre de ceux du Romney-March. Les enclos sont séparés, soit par des fossés pleins d'eau, soit par des palissades en bois scié. Il nous fit voir et manier une partie de ses cent cinquante béliers, qui sont par lots de six à dix dans des enclos séparés ; nous vîmes ensuite les brebis qui avaient encore leurs agneaux ; tout cela est fort beau. Il a environ huit cents bêtes sur cent soixante hectares, dont cent dix sont en pâturage perpétuel, et cinquante en culture ; il a en outre sept chevaux et huit vaches ; il prend un certain nombre de petites bêtes à cornes dans ses pâturages, moyennant 2 fr. 80 cent. par tête et par semaine ; il paie 100 fr. de loyer par hectare.

Il est fort bien logé ; il m'a dit louer environ cent vingt béliers par an, les moins chers 125 fr., mais à condition qu'on en prendra au moins deux ; le plus haut prix qu'il obtienne est de 750 fr. Il m'a dit que pour acheter de ses béliers de choix, il faudrait les payer 1,250 fr. ; il vend ses béliers hors d'âge au boucher ; sans être très-gras, ils pèsent de cent à cent vingt livres : cela m'a paru bien peu, car ils me semblaient fort gros, surtout en comparaison des Southdown, qu'on assure arriver à peu près au même poids.

Ce troupeau était fort gras, bien que le pâturage fût ras et desséché.

Ses toisons sont en moyenne de cinq à six livres lavées à dos.

M. Goord nous a parlé de M. Malingier ; il nous a chargés de lui dire qu'il l'engageait à lui acheter d'autres béliers, s'il avait été content des deux premiers.

Il m'a aussi parlé de MM. Yvard et de Ste-Marie, qui ne lui ont rien acheté.

Il ne donne à ses béliers que cinquante brebis ; il obtient, de deux cent cinquante brebis, jusqu'à trois cents agneaux ; il ne lessive pas ses bêtes après la tonte. Il élève chaque année cinquante jeunes béliers et en réforme autant ; il vend les jeunes moutons dans leur première année.

Deux de ses voisins ont commencé en même temps que lui l'amélioration de l'espèce New-Kent, et ont agi toujours de concert avec lui, de manière que les trois troupeaux n'en forment qu'un pour la qualité.

Ses terres sont très-bonnes, un peu fortes, et sur sous-sol calcaire; sa culture m'a paru excellente; les récoltes sont très-belles : il ne fait qu'une dizaine d'hectares de racines, dont une bonne partie en betteraves, qu'il préfère aux turneps pour les bêtes à laine.

Il a de fort beaux trèfles; il m'a assuré que son troupeau reste toute l'année dans les pâturages, sans nul abri et sans fourrage sec; j'ai bien vu quelques très-petites meules de foin à portée des pâturages.

M. Goord m'a paru n'exagérer en rien dans ce qu'il nous disait, il n'y a pas de charlatanisme dans son affaire. Il n'a pas encore produit ses bêtes ailleurs que dans son comté, dont les cultivateurs en très-grand nombre, ont fait une souscription pour lui décerner un énorme vase d'argent, sur lequel on a ciselé le portrait d'un de ses fameux béliers. On lui a aussi adressé des remercîments par écrit, pour l'amélioration immense apportée par lui à la race des bêtes à longue laine; cette pancarte, qui est encadrée, est couverte d'une grande quantité de signatures.

Il loue ses béliers de la main à la main sans adjudication publique, ce qui lui serait cependant plus profitable, je pense. Sa fille, qui est mariée, vit avec lui; son gendre était absent. M. Goord nous fit faire une collation, et lorsque nous le quittâmes, il nous engagea à revenir le voir à notre retour.

Le 7 au matin, nous partîmes de Sittingburn, où nous avions couché dans une auberge de second ordre, où nous avons trouvé de jolis petits salons particuliers bien meublés, des tapis partout, même dans les corridors et sur les escaliers, de très-beaux lieux à l'anglaise, des chambres très-confortables, à l'exception du lit, qui était propre, mais n'avait qu'un lit de plume et une mauvaise galette pour matelas, et des draps trop courts.

Toutes les personnes à qui nous avons eu à faire, même celles que nous avons rencontrées dans la salle à manger, et auxquelles nous avons eu l'occasion d'adresser la parole, ont été pour nous d'une politesse et même d'une obligeance extrême; je m'attendais au contraire, et je dois convenir qu'en France je suis souvent moins bien accueilli. Étant entré hier dans une écurie, le palefrenier m'a de suite adressé la parole d'une manière polie, a fait sortir devant moi ses chevaux les uns après les autres, m'a conduit dans d'autres écuries, dans son grenier à avoine et dans son fenil, dont le foin était excellent et tel que je ne me rappelle pas en avoir jamais vu d'aussi fin et ayant une aussi bonne odeur.

Hier, en passant devant une ferme, je demandais mon chemin à une personne qui avait l'air d'un maître-valet; il me l'indiqua, puis comme je lui faisais compliment sur ses moutons, il m'engagea de suite à entrer pour voir ses agneaux qu'on tondait.

Un peu plus loin, un homme qui suivait la même route que nous, mais qui ne connaissait pas l'endroit où je voulais aller, entra dans une maison pour s'en informer, et puis revint avec nous sur ses pas afin de nous mieux indiquer notre chemin ; ce n'était cependant qu'un journalier : il m'a dit qu'il gagnait de 19 à 25 fr. par semaine ; il était habillé d'un habit long de velours de coton.

De Sittingburn à Gravesend, où nous avons pris le bateau à vapeur pour nous rendre au pont de Londres, le pays est admirable, tant par sa nombreuse population et sa culture, que par ses hauteurs, d'où l'on voit la Medway, rivière considérable qui, de ce côté, forme une espèce de bras de mer. De nombreux vergers, une grande quantité de maisons de campagne et de villages, le port de Chatam garni de bâtiments de l'état et de nombreux pontons, enfin de magnifiques ruines, qu'on nous dit être celles du château de Rochester, font de ce pays une des plus belles parties de l'Angleterre.

Nous avons mis environ trois heures à remonter la magnifique Tamise : une immense quantité de bâtiments de commerce de toutes les formes et dimensions, des bateaux à vapeur qu'on voit soit à l'ancre, soit descendant ou remontant la rivière, des bâtiments de guerre, frégates et autres, des pontons, les arsenaux royaux et chantiers de construction, les manufactures et les magasins sans nombre, les différents

Docks, le palais de Greenwich, où les marins invalides se reposent de leurs nombreuses campagnes,
enfin une immense quantité de choses, qu'on ne fait
qu'entrevoir, vous remplissent d'étonnement et d'admiration pour le grand peuple qui est l'auteur de tout
cela. Je suis persuadé avoir vu plus de soixante bâtiments à vapeur pendant ces trois heures. Deux jeunes
Anglais, qui nous ont adressé les premiers la parole,
nous ont donné toutes les explications que nous pouvions désirer, et ont été d'une complaisance extrême.

Nous avons débarqué à Londres, vers midi; un omnibus attelé de forts beaux chevaux, nous a conduits à
travers cette immense et étonnante ville à Haymar-
ker, en suivant des rues extrêmement larges et fort
belles, ornées de temps en temps par de beaux monuments, tels que Mansion House, la Banque, le
Monument, superbe colonne érigée à l'endroit où le
grand incendie s'est arrêté, la Bourse, St-Paul, le
plus beau de tous, qui couronne cette vaste cité.

Malgré la pluie très-forte qui tombait, je me mis
à parcourir la ville et le beau parc de St-James, où
j'arrivai sans le savoir; j'en fis le tour et vis le palais
de Bukingham, résidence de la reine, ainsi que plusieurs édifices remarquables, et la colonne surmontée
de la statue du duc d'York. Le lendemain, j'allai chez
mon banquier, dont j'eus lieu d'être fort content,
ensuite je portai quelques lettres de recommandation,
entre autres celle que j'avais pour le comte d'Albemarle, grand-écuyer. Il me reçut fort bien et m'in-

vita à dîner avec les ducs de Norfolk, de Bedford et beaucoup d'autres personnes très-distinguées, me disant que les deux premiers étant de grands agriculteurs, je serais invité par eux à les aller voir; j'acceptai avec reconnaissance.

Je continuai à parcourir la ville et les parcs, fus invité à dîner à la campagne par un ami de M. de Rham, bon cultivateur, membre influent de la Société royale d'agriculture, pour lequel j'avais une lettre, et qui devait coucher ce soir chez cet ami, dans la famille duquel je fus fort bien accueilli. Je fus enchanté de M. de Rham, qui est un Suisse fixé en Angleterre depuis longues années; il se rendait à Cambridge, et se chargea de nous y retenir des logements, ce qui nous tranquillisa.

Je fus encore invité dans deux autres maisons, mais ne pus accepter que dans l'une, à cause de mon prochain départ. Je fus au marché de Smithfield, où j'ai vu surtout de très-belles vaches grasses, mais les moutons étaient fort peu de chose; ce marché qui est simplement une place irrégulière et peu vaste, est bien mal placé, au milieu d'une ville aussi populeuse.

J'ai eu ensuite à admirer les immenses et innombrables rues de la ville neuve Westend, les belles places nommées *squares*, j'ai vu un certain nombre de magasins magnifiques; mais en général ceux de Paris sont plus élégants et mieux ornés, ceux de Londres sont plus vastes. J'ai surtout admiré l'abbaye de Westminster, et les beaux et nombreux ponts sur la Tamise.

Hydeparc était bien brillant dimanche soir depuis cinq heures et demi à sept heures ; ce jour là il est d'usage que toute la société se rende dans cette immense promenade ; c'est une foule innombrable de beaux équipages et d'élégants cavaliers, sans compter la population piétonne, dont je faisais modestement partie. On m'avait fait espérer que la reine y serait, mais elle n'y vint pas.

On ne peut se faire une idée de la beauté des chevaux qu'on voit en foule à cette promenade, qui, pendant le reste de la semaine, est presque déserte et paraît alors triste.

J'ai été fort surpris de voir perchés derrière un certain nombre de voitures, deux grands laquais portant épaulettes à graines d'épinards et armés de cannes assez semblables à des lances par leur longueur.

En examinant les doks et le tunnel, j'ai été émerveillé de ces ouvrages gigantesques ; on m'a assuré que les piétons pourront passer dans le tunnel avant un an, mais il en faudra encore deux, avant que les chemins de descente pour les voitures puissent être terminés.

L'ensemble de cette immense ville est étonnant ; la quantité de voitures, de chariots et de personnes est étourdissante ; mais malgré la régularité de la ville neuve, ses larges rues et ses belles places, on ne peut s'empêcher de penser que bien des parties de Paris sont infiniment plus belles, sans mentionner les monuments.

Le grand-écuyer ayant eu la bonté de me donner un billet pour qu'on me fît voir les écuries de la reine, nous les vîmes dans le plus grand détail. Il y a environ cent vingt chevaux de la plus grande beauté, en première ligne, ceux de selle de la reine, du prince son mari et des écuyers, parmi lesquels deux chevaux arabes, arrivés il y peu de temps de Bombay, et encore fatigués du voyage, sont plus grands que les chevaux arabes qu'on voit ordinairement. Puis ensuite six poneys gris, avec lesquels le jeune ménage se promène au parc, le prince conduisant. Après cela, les chevaux de calèche, dits *chevaux de voyage*, et ceux de ville qui sont beaucoup plus grands, hauteur soixante-douze pouces anglais, les uns et les autres du Yorkshire de la race nommée, les bays à jambes noires. Enfin, les chevaux de cérémonie qui sont Hanovriens, il y en a de noirs et de couleur café au lait ; ceux-ci ne m'ont pas plu ; il y en a un qui a dix-huit ans et un des précédents attelages qui en a vingt-trois. Il ne s'en trouve que très-peu parmi les chevaux de selle qui soient de pure race ; les harnais d'apparat sont d'une grande richesse, il y en a huit de maroquin rouge plaqué et brodé en or, et huit en maroquin bleu et argent.

La voiture du couronnement, qui date de 1760, est fort extraordinaire, car elle paraît être portée par par quatre hommes ; les quatre voitures ornées qu'on vient de faire faire, ont coûté 25,000 fr. pièce ; les voitures ordinaires sont très-simples.

Je comptais aller aux Bouffes, afin d'y voir Sa Majesté, ainsi que Taglioni et une demoiselle Cerito qu'on dit être une très-jolie danseuse, mais un dîner en ville ne m'en a pas laissé la liberté.

Le dîner chez le comte Albemarle a été magnifique ; il y avait dix-huit convives, dont je ne connais que ceux à qui il m'a présenté, qui sont le duc de Norfolk et son fils, le comte de Surrey, le duc et la duchesse de Bedford, enfin, sir Robert Harland et sa femme, la comtesse d'Albemarle qui a été ainsi que les précédents on ne peut mieux pour moi. Ces Messieurs, qui cultivent fort en grand, m'ont engagé à aller les voir. J'étais à table entre la duchesse de Bedford et une belle lady dont le mari, qui n'était pas là, est aussi cultivateur ; elle m'engagea à aller les voir, j'ai oublié son nom. Le luxe m'a paru très-grand : plusieurs maîtres-d'hôtel français, sept grands laquais en livrée rouge galonnée et épaulettes en or de colonel. Chaque convive avait une boule d'eau chaude sous son assiette ; au premier service les assiettes étaient en vaisselle ; au second, en porcelaine de Saxe ; le dessert, en Sèvres : ce service avait été commandé par l'empereur et donné par lui au maréchal Ney. La verrerie n'était nullement remarquable ; le vin était en bouteille sur la table, on avait un bol d'eau tiède à côté de soi, pour y tremper et rincer les verres dans lesquels on venait de boire.

Six immenses candélabres et un vase magnifique sur un piédestal, le tout en argent, formaient le surtout ; des corbeilles de fruits beaucoup plus beaux que ce qu'on voit en France de mieux dans ce genre, surtout deux énormes ananas qui étaient comme de belles betteraves allongées ; les plats étaient moitié français, moitié anglais. Le grand-écuyer eut encore la bonté de me donner une lettre pour le duc de Richemond, qui, comme président de la société royale d'agriculture, était déjà à Cambridge.

J'ai beaucoup causé avec sir Robert Harland, qui a été pour ainsi dire élevé en France avant la révolution, et qui malgré cela ne me paraissait pas avoir plus de cinquante ans ; il est fort aimable, et ce qui est plus pour moi, très-grand cultivateur ; il a cultivé pendant fort long-temps deux mille hectares et en cultive encore huit cents. On n'a pas joué, de manière que toute la société s'est retirée d'assez bonne heure ; le comte et la comtesse ont insisté pour que je vinsse les voir à Hamptoncourt.

Le 13 juillet, nous quittâmes Londres, après un séjour de quatre jours et demi, pour aller à Cambridge. Nous ne sommes sortis d'une suite de jolies maisons ornées de charmants jardins, ou au moins du petit parterre obligé, qu'après plusieurs heures de marche de notre voiture qui allait cependant bon train ; nous avons vu ensuite des habitations splendides entourées de superbes parcs, traversé plusieurs petites villes toujours aussi propres et bien bâties, du moins pour la commodité de leurs habitants.

Nous avons traversé un pays riche, bien cultivé,

fonds graveleux ou sur la craie, vu des charrues sans avant-train et à deux chevaux ; plus loin, des terres parfaites, ensuite un pays nouvellement cultivé, sans enclos, où l'on voyait cependant de belles récoltes, mais la culture moins soignée, et assez de mauvaises herbes parmi les plantes cultivées, ce que nous n'avions pas encore trouvé et ce qui avait fait notre admiration jusque-là.

. Je vis pendant le déjeûner que la voiture ne contenait que des cultivateurs qui se rendaient tous à Cambridge ; il y en avait qui venaient de fort loin. J'étais sur l'impériale, où se trouvent les trois quarts des places ; on y est assis sur la planche et tellement serré qu'on ne peut pas bouger. Nous eûmes plusieurs averses, ce qui n'est jamais agréable, mais encore moins dans cette position où l'on a une grande difficulté de se servir de son parapluie, étant gêné par ceux des voisins.

Nous arrivâmes avec beaucoup de satisfaction dans la belle ville de Cambridge, remarquable par ses magnifiques colléges, dont plusieurs ressemblent à des palais royaux. Leurs chapelles sont souvent très-belles, mais celle du collége du roi n'a sa pareille en aucun pays ; elle est gothique et dans un état de conservation parfait ; les réfectoires sont aussi vastes et élevés que des chapelles, les bibliothèques sont aussi bien remarquables. Les parcs et les promenades sont admirables : un lord vient de laisser en mourant une somme énorme pour construire un palais magnifique, dans lequel sera placé son superbe musée d'histoire naturelle, qu'il a légué à l'Université, avec les moyens de l'entretenir et de l'augmenter.

Tous les nombreux étudiants sont en vacances ; on ne voit que des professeurs et directeurs de collége, avec leur petit manteau et leur bonnet carré. M. de Rham avait eu la bonté de nous retenir un logement où nous fûmes fort bien.

Ayant inutilement cherché le duc de Richemond, que ses nombreuses occupations tenaient toujours hors de chez lui, je remis ma lettre d'introduction à M. de Rham qui allait se trouver avec lui à un conseil, et qui se chargea de la lui donner. Le duc eut la bonté de m'envoyer une carte pour le dîner de ce jour-là, où ne purent se trouver que quatre cents convives, quoiqu'il y eût plus du double d'aspirants à cette faveur.

Aussitôt que nous le pûmes, nous nous rendîmes auprès de la cour d'exposition : c'est une enceinte fort étendue prise dans un pâturage ; elle est entourée par des palissades en planches jointives, ce qui empêche d'en voir l'intérieur ; en dehors se trouve une espèce de foire où sont parqués les voitures et chevaux qui ont amené les animaux exposés ou les instruments. J'ai examiné une de ces voitures, elle est toute close comme une petite maison, bien matelassée intérieurement sur les côtés ; elle contenait un superbe taureau et était attelée de deux superbes juments ; le tout venait du comté de Lincoln, qui est fort éloigné de Cambridge.

J'ai admiré plusieurs machines à battre ambulantes, des semoirs qui demandent de deux à quatre chevaux pour les mettre en œuvre ; on essayait un semoir qui déposait très-régulièrement la semence de turneps accompagnée de l'engrais pulvérulent, à un pied de distance dans la ligne.

Nous avons vu deux juments de Suffolk avec un superbe poulain, admirables bêtes de travail , remarqué des voitures chargées de béliers et brebis attachés avec de petits licous aux côtés de la voiture et ayant des couvertures comme les chevaux ; d'autres contenaient d'énormes cochons, qui étaient comme des boules de graisse ; d'autres encore étaient pleines de toutes sortes d'instruments aratoires.

Le 14 , nous avons assisté à un concours de charrues, composé de cinquante-six charrues attelées chacune de deux chevaux, dont la plupart étaient de très-forts et de beaux animaux ; mais il faut que je convienne que je n'ai pas été satisfait.

Le labour se faisait sur une terre qui n'avait pas été labourée de l'année, et qui, par conséquent, était un peu gazonnée ; les raies étaient en général droites, mais le labour très-peu profond, et la raie très-étroite et pas nette : on voyait presque partout sortir le gazon, la charrue ne versant pas assez ; elles étaient en grande partie des charrues de Suffolk et de la manufacture de MM. Ransom d'Ipswich ; mais cette charrue, qui m'a paru être faite pour pénétrer facilement en terre, ne verse pas assez, ne laboure ni assez profond, ni ne fait une raie assez large pour une terre ordinaire. D'après mon expérience, j'eusse parié cent contre un, qu'un de mes laboureurs belges avec sa charrue et son attelage de deux chevaux de moyenne taille, aurait labouré beaucoup plus profond, fait moitié d'ouvrage en sus dans le même espace de temps, et infiniment mieux exécuté sa besogne. Ces superbes chevaux de Suffolk marchaient plus lentement que les bœufs du Limousin bien conduits.

Dans un autre champ on essayait les différents semoirs, les charrues à défoncer le sous-sol sans le ramener à la superficie, et le fameux scarificateur Biddels, instrument du plus grand mérite.

Dans la cour d'une ferme, quatre machines à battre ambulantes, à quatre chevaux, concouraient pour savoir laquelle (toutes étant de manufacturiers différents) battrait le plus, le mieux et avec le moins de force. Il y avait en outre des machines à battre à bras, des hâche-paille, des coupe-racines, des machines à concasser les graines, les tourteaux à broyer les ajoncs, à mouler des tuiles tant pour dessèchement que pour couvertures de maisons.

M. de Rham m'a présenté sur le terrain au duc de Richemond, qui a été fort poli pour moi ; il me présenta encore au comte Spencer, au colonel le Contem et à plusieurs autres cultivateurs fort distingués.

Je suis allé ensuite rejoindre les quatre cents élus pour le dîner, qui eut lieu dans le réfectoire d'un des colléges, qui nous contint fort bien tous ; j'entendis là bien des discours, dont je comprenais les uns fort bien, tandis que d'autres m'échappaient presque complètement; heureusement que le président, le duc de Richemond, qui eut beaucoup à parler, fut celui que je comprenais le mieux, et j'eus lieu d'être fort content de ce qu'il disait. Sir Robert Peel fut du nombre des orateurs et fut beaucoup applaudi; le comte Spencer, vice-président, le marquis de Northampton, le docteur Buckland, savant géologue, le colonel le Contem et plusieurs autres personnes parlèrent longtemps, et à ce qu'il me parut, fort bien, à en juger par la satisfaction de mes voisins.

Le 15 matin, à sept heures, nous avons été admis, moyennant 3 fr. 10 c., dans la cour d'exposition. Quand on n'a pas vu pareille réunion, il est impossible qu'on puisse se figurer la taille énorme et l'embonpoint extraordinaire d'une partie des chevaux, la taille et l'extrême obésité des bêtes à cornes, principalement des races dites *courtes cornes* de Hereford, de Suffolk et de Sussex, qui sont sans cornes, l'admirable conformation de la charmante et petite espèce de Devon, l'extrême beauté de la plupart de tous ces animaux, la grosseur et la graisse vraiment incroyables des moutons New-Leicester, l'embonpoint et la beauté des formes des Southdown et des béliers de M. Goord, qui paraissaient forts petits en comparaison des Leicester; enfin, des anglo-mérinos qui sont, comme les mérinos de lord Western, très-gras, sans avoir ces masses de suif qui déforment les Leicester.

Parmi les cochons, il y en a beaucoup qui sont tellement gras, qu'on n'aperçoit pas leurs yeux.

Quant aux instruments, il s'en trouve une immense quantité qui sont si compliqués et par conséquent si chers, que cela est effrayant pour tout cultivateur qui a besoin de gagner de l'argent.

Ceux qui m'ont paru les mieux faits, sont ceux qui venaient de la manufacture de MM. Drumond de Stirling en Écosse, en n'y comprenant pas les semoirs.

Ce qui m'a paru le plus digne de remarque dans cette magnifique exposition, c'est d'abord l'espèce précieuse des courtes cornes, qui a les plus belles formes, s'engraisse le plus facilement, arrive le plus tôt à sa taille, a les plus petits os et le plus de viande dans les bonnes places, qui enfin donne encore beaucoup de lait en sus de tout cela. Je remarquai ensuite les moutons Leicester qui ont les mêmes qualités (à l'exception de celle du lait) que les courtes cornes, mais qui comme eux ont besoin des meilleurs pâturages.

Viennent après cela les bêtes à cornes, nommées *North-Devon*, qui sont petites, légères, très-actives, excellentes pour le travail, s'engraissent parfaitement et arrivent encore au poids de mille livres à quatre ans, qui s'accommodent fort bien des petites terres et des pâturages ordinaires ; pour le lait, elles ne sont pas d'un grand mérite.

Viennent ensuite les moutons Southdown, qui ressemblent aux Devon, comme les Leicester aux courtes cornes, et qui fournissent du mouton de première qualité.

Après cela vient le croisement des Leicester ou New-Kent avec les mérinos, qui, chez lord Western a de très-beaux résultats, et que je crois être d'un haut intérêt pour la France, où les mérinos et métis avancés existent en grande quantité ; en croisant ces troupeaux avec des béliers à longue laine, on obtient des toisons qui, à cause de leur longueur de mèche, se vendent à la livre aussi cher que le mérinos ordinaire, et on a des moutons qui prennent la graisse très-facilement et qui sont précoces, car on peut les tuer déjà fort pesants à deux ans, tandis que les moutons mérinos, à quatre ans, ont de la peine à prendre la graisse, et, malgré le double d'âge, pèsent moins.

Les cochons croisés napolitains sont magnifiques.

Dans l'immense quantité d'instruments aratoires exposés, il y a un grand choix à faire : beaucoup m'ont paru trop compliqués et trop chers, beaucoup d'autres, inférieurs à ce que nous avons de mieux ; mais il y en a encore beaucoup qu'il serait fort à désirer de voir introduire en France.

En examinant une machine à couper et broyer les ajoncs, une personne m'adressa poliment la parole et m'en fit voir d'autres pour le même usage ; m'ayant reconnu pour Français et ayant appris que j'étais venu faire une tournée agricole en Angleterre et en Écosse, et que je craignais de n'avoir pas le temps d'aller en Irlande, où cependant j'aurais le plus grand désir de voir les grandes améliorations faites par un M. Blacker, il se mit à rire et me dit : je suis la personne dont vous désirez voir les œuvres ; il fut charmant pour moi, me dit qu'il allait en France pour le même objet que moi. Nous restâmes long-temps ensemble ; je l'invitai à déjeûner pour le lendemain. Il m'apporta sept ou huit lettres de recommandation ; j'en avais écrit à peu près autant pour lui. Je me trouvai fort heureux d'avoir fait sa connaissance, car c'est un homme qui a consacré sa vie à être utile aux malheureux en les instruisant, et il a déjà fait un bien infini.

Je restai à l'exposition jusqu'à trois heures, ensuite je fis ma toilette et nous nous rendîmes au dîner monstre, où se trouvaient plus de deux mille sept cents convives, et où l'on pouvait cependant arriver à sa place si l'on était en retard, s'en aller si l'on en avait envie ; où l'on était servi à propos, et enfin, où les plus éloignés étant les plus élevés, pouvaient aussi bien voir que les plus rapprochés et entendre fort bien les discours nombreux qui furent prononcés. On se retira vers huit heures, sans que je me sois aperçu qu'il y eût des personnes qui eussent trop bu. Nous étions placés près de M. de Rham, qui était lui-même placé près du vice-président.

Je rentrai chez moi pour écrire ce que j'avais vu et entendu dans cette mémorable journée.

Le 16, nous nous rendîmes, après déjeûner, avec M. Blacker, dans l'enclos d'exposition, où l'on vendait une partie des animaux à l'enchère : il y a eu des béliers vendus jusqu'à 1,750 fr.

J'ai de nouveau examiné les charrues et n'en ai trouvé de réellement bonnes que parmi les écossaises.

M. Henry Boys, que je n'ai eu le plaisir de rencontrer que le troisième jour, m'a présenté à plusieurs cultivateurs distingués, entre autres à M. Crisp de Gedgrave, Suffolk, jeune fermier qui a eu plusieurs prix pour ses Southdown, et un pour étalon élevé par lui ; il m'a engagé à aller le voir, ce que je regrette infiniment de n'avoir pu faire. Ces Messieurs m'ont montré un bélier Leicester qui pèse en vie quatre cents livres, et qu'ils assurent devoir peser deux cent quarante livres viande nette ; cette espèce dans quelques troupeaux est déformée par les masses de graisse dont elle est surchargée : le coxis dépasse les fesses d'un demi-pied, le dos est couvert d'une plaque de graisse d'une épaisseur extrême, allant du cou au coxis et retombant jusqu'au bas des côtes ; il n'y a pas de maigre dans ces animaux et aucune proportion entre les gigots et le corps ; le ventre est étroit, et le dos comme une table, mais la laine est loin d'être belle dans ces troupeaux.

Je ne puis m'empêcher de préférer l'espèce de M. Goord aux Leicester, elle a une laine bien plus fine, une taille bien inférieure à la vérité, mais on assure qu'elle s'entretient très-bien dans des pâturages qui ne seraient pas assez bons pour les autres : comme bêtes à longue laine, je n'ai aucun doute que celles de

M. Goord ne conviennent mieux à la France que les Leicester, et je pense que le gouvernement devrait en faire venir, ainsi que des Southdown, qui sont une race admirable pour les formes et la vigueur, qui ont le grand mérite de vivre très-bien dans les petites terres calcaires, pourvu que la culture y soit bonne, et qui fournissent la meilleure viande de mouton qu'on puisse manger, malgré qu'ils arrivent à quatre-vingts et cent livres.

Je pense que pour avoir de bons troupeaux en France et de bons bestiaux en général, il faudrait que nos riches cultivateurs qui ont des fils qui se destinent à la culture, leur fissent apprendre l'anglais, au lieu du latin et du grec, un peu de mécanique, de chimie, d'histoire naturelle, le dessin, la tenue des livres, etc.; leur missent les meilleurs ouvrages d'agriculture entre les mains, les abonnassent aux meilleurs journaux d'agriculture, particulièrement à ceux qui paraissent en Angleterre, leur fissent bien apprendre la culture de leur pays, et puis les envoyassent passer deux ou trois années chez les meilleurs éleveurs anglais et cultivateurs écossais. Si un nombre un peu considérable de jeunes gens en passaient par là, ils contribueraient bientôt à faire sortir l'agriculture, en France, de la triste position où elle est dans les trois quarts du pays, surtout si on la compare à celle d'Angleterre, d'Écosse et d'Allemagne. Nous avons d'excellents cultivateurs en Flandre et même dans d'autres parties de la France, mais ces cultivateurs ne se doutent pas de ce

que c'est que de perfectionner les races de bestiaux.
Nos éleveurs de mérinos, dans le temps, ne s'occu-
paient que d'affiner leurs toisons ; maintenant, les laines diminuent de prix, cette dépréciation augmentera
très-rapidement, à cause des immenses spéculations en
troupeaux que font les Anglais dans la nouvelle Hollande, dans la terre de Vandiémen, dans la nouvelle
Zélande et même dans les Indes orientales, ainsi que
de celles qui se font en Hongrie, en Russie et en Amérique. Nos propriétaires de mérinos s'occupent à augmenter la taille de leurs bêtes, mais sans chercher
à les amener par un moyen ou un autre, à arriver
de bonne heure à leur taille et à prendre facilement
la graisse. Ils ne savent même pas, pour la plupart,
que ces qualités existent dans plusieurs races au plus
haut degré, et qu'avec le temps ils pourraient les faire
acquérir aux leurs, ou s'ils manquaient de connaissances pour le faire, l'achat d'un bélier d'une de
ces races pourrait amener une très-grande amélioration, et cela, à peu de frais.

Combien il serait à désirer que le ministre de l'a-
griculture envoyât de bons agriculteurs français, qui
fussent en état de bien juger ce qu'ils verraient, sans
enthousiasme, mais aussi sans préjugés ou préven-
tions, parcourir l'Angleterre et l'Écosse et même une
partie de l'Irlande, où un homme d'un grand mérite,
M. Blacker, est parvenu à améliorer l'agriculture et le
sort de plus de quinze cents petits fermiers, en leur
faisant adopter un bon assolement, avec la nourri-

ture à l'étable, perfectionnements qui ont été imités par beaucoup d'autres propriétaires !

Il faudrait que ces voyageurs agricoles fussent aussi en état de rendre compte d'une manière simple et claire, de ce qu'ils auraient vu dans ces différents pays. Si le ministre ajoutait à cela l'acquisition des instruments de culture qui se trouvent meilleurs que les nôtres, et enfin, l'importation d'un troupeau de Southdown, d'un autre de l'espèce perfectionnée par M. Goord, dans le comté de Kent, d'un autre des Chéviots, moutons qui vivent dans les mauvais pâturages de montagne ou de plaine, de bêtes à cornes du Devonshire pour les terrains qui ne sont pas assez fertiles pour nourrir les courtes cornes ; s'il faisait cultiver dans les fermes-modèles sur lesquelles il se trouve avoir de l'influence, les meilleures espèces de froment et d'autres grains et graines fourragères, les meilleures racines, il rendrait un service signalé à son pays et mériterait la reconnaissance de ses concitoyens : il serait essentiel pour les agriculteurs qui seraient chargés de ce voyage, qu'ils sussent bien l'anglais.

Le 17, j'ai quitté Cambridge vers midi. Nous parcourûmes d'abord un bon pays, mais bientôt après, les terres deviennent légères et peu profondes, sur fond de craie. Nous passâmes par Newmarket ; j'ai regretté de ne pouvoir m'arrêter pour visiter M. Bryam, un très-grand et très-bon cultivateur ; on me fit voir où avaient été exercés les chevaux du duc d'Orléans, qui doivent concourir prochainement à Goodwod. Nous vîmes trois jockeys qui couraient à fond sur la pelouse. Je remarquai de récents défrichements par écobuages sur lesquels se trouvaient de beaux colzas, qu'on destine comme pâturages aux moutons ; les terres étaient encloses de haies provisoires en bois, et de nouvelles haies d'aubépine, plantées sur l'ados d'un fossé. Nous vîmes une immense quantité d'orge superbe, qui doit sa supériorité à l'emploi des os brisés ; nous ne vîmes qu'un troupeau de Southdown, il était considérable. En arrivant à Bury, petite et assez jolie ville du Suffolk, je trouvai M. Musker, le régisseur du duc de Norfolk, qui était venu me chercher ; nous avions deux milles à faire, et c'était presque tout sur le terrain de la ferme que le duc fait valoir et qui est composée de six cent quarante hectares ; M. Musker, qui dirige la culture de cette ferme, en cultive une autre de quatre cents hectares pour son compte, à près d'une lieue de distance de l'autre. Le duc eut l'extrême bonté de venir me recevoir à la descente de voiture, et de me conduire dans mon appartement ; je changeai à la hâte d'habillements, et puis nous nous mîmes à table avec un M. Blount, ami du duc, un voisin et M. Musker ; le dîner était très-beau : tout le premier service en vaisselle plate, le second, en très-belle porcelaine ; des vins de toutes les parties du monde ; sept domestiques, dont quatre en grande livrée avec épaulettes à graines d'épinards. On ne se coucha qu'à près de minuit. Le matin, à cinq heures, je me levai pour écrire mes notes et des lettres; à dix heures, nous déjeûnâmes; ensuite nous montâmes en voiture, pour voir la culture, qui est excellente. Quoique les terres ne soient pas très-fertiles, les récoltes sont superbes. Nous visitâmes ensuite les bœufs à l'engrais qui doivent concourir à Smithfield, ils sont à l'étable depuis dix mois et ont encore cinq mois à y rester, quoiqu'ils soient déjà bien plus gras que ce que nous avons de plus gras en France. Il y en a dix, ce sont des Devon, petite race, d'une couleur rouge foncée, portant de belles cornes bien lisses et fines, l'air très-vif et même un peu farouche, l'œil admirable et très-intelligent; c'est une charmante race, elle arrive en moyenne à peser de neuf cents à mille livres anglaises. Nous vîmes aussi des génisses et de jeunes taureaux qui avaient figuré au concours de Cambridge; il y en avait six : c'est assurément le plus joli bétail que j'aie jamais vu; le duc a eu deux prix pour les Devon. Nous avons vu ensuite de très-beaux cochons de différentes espèces; on m'a dit qu'il fallait les croiser, que sans cela, ils ne se reproduisaient plus. Ensuite nous examinâmes une machine à battre portative, qui est louée (par un homme, dont c'est le gagne-pain) aux cultivateurs qui en ont besoin : on paie 1 fr. 40 c. pour chaque deux cent quatre-vingt-un litres battus; elle emploie huit hommes et deux femmes; elle bat parfaitement : j'ai eu beau chercher, je n'ai pu trouver un grain dans aucun épi sous le tarare ou dans la paille, quoique les balles restassent fixées en grande partie à la paille ; on m'a dit qu'elle battait de quarante-deux à quarante-sept hectolitres, dans dix heures de travail ; elle est à quatre chevaux, qui ne paraissaient pas fatigués, quoiqu'ils ne fussent pas forts.

Les meules sont très-bien faites et sur des pieds en fonte qui n'ont que deux pieds de hauts : les rats et souris peuvent bien les atteindre en sautant, mais comme les pieds des gerbes sont fort bien réunis, ils ne peuvent pas y pénétrer et retombent par terre.

Le duc a quarante chevaux de travail, six poulains, cent quarante-une bêtes à cornes, dont vingt-deux veaux de lait, deux mille deux cent cinquante-six Southdown très-beaux, soixante-dix cochons de tous âges.

On a essayé cette année le nitrate de soude fort en grand sur les grains, on n'en connaît pas encore le résultat ; mais sur un trèfle où il a été employé à raison de trois cent soixante-quinze livres par hectare, et coûtant tout semé 90 fr. 75 c., il a produit quinze mille quatre cent vingt-cinq livres, tandis qu'un hectare à côté, sans nitrate, n'a donné que onze mille cent quatre-vingt-cinq livres : c'est donc quatre mille deux cent quarante livres en sus.

Les toisons des bêtes à laine ont les poids suivants :

	Livres.	Onces.	
Vieux béliers	6	12	lavées à dos.

	Livres.	Onces.
Moutons gras	5	
Béliers antenois	5	10
Antenois mâles et femelles	4	9
Brebis	4	

On ne tond pas les agneaux.

Une très-belle brebis de deux ans, morte d'un coup de sang, pesait cent vingt-huit livres, viande nette.

Une autre, âgée de cinq ans, pas très-grasse, tuée pour la maison, pesait quatre-vingts livres anglaises.

Deux sarclages et l'éclaircissage des récoltes sarclées coûtent 20 fr. par hectare.

Le château de Farnham est fort simple à l'extérieur, mais l'intérieur est très-beau et fort bien distribué, le parc est plein de beaux arbres dont les branches pendent presque jusqu'à terre, il sert de pâturage au troupeau. Le jardin anglais soigné est peu considérable, on l'a mis à l'abri des lièvres par des grillages ; il y a beaucoup de faisans, perdrix et lièvres sur la terre. Le duc n'a qu'un fils, le comte de Surrey, et son petit-fils qui a 24 ans est le secrétaire de lord John Russel, un des ministres, ce qui lui donne beaucoup de besogne.

Nous sommes allés dimanche à la messe : le duc de Norfolk, qui est le premier pair d'Angleterre, après les princes du sang, est catholique ; la chapelle qui est à Bury est toute neuve et fort belle, quoique très-simple, elle est parquetée ; le curé, qui est un bel homme, d'un air distingué, a commencé par faire une prière en anglais qui a duré long-temps ; ensuite il a prêché fort bien et dit des choses excellentes pour les riches comme pour les pauvres ; après cela il a dit une messe basse. L'orgue, très-bien touchée et accompagnée par le chant d'hommes et de femmes qui étaient à côté, produisait un excellent effet. Je voudrais que le culte de nos églises ressemblât à ce que j'ai vu hier : simplicité, ferveur et instruction morale.

Un neveu du duc, avec son fils, demeurant à Bury, et un vieil amiral sont venus dîner.

Je viens de voir les faneuses qui arrivent : elles sont mises comme des femmes de la ville, et ont presque toutes des chapeaux de soie.

Enfin, après avoir passé trois jours avec cet excellent duc, je pris congé de lui ; il m'engagea beaucoup à revenir le voir à l'époque de la chasse, où l'on s'amuse beaucoup, me disait-il ; ce que je comprends bien, avec la quantité de remises et de gibier qui couvrent cette belle terre.

Les environs de Farnham sont parfaitement cultivés et remplis de charmantes maisons de campagne, de fermes très-bien tenues, et ayant plutôt l'air de maisons d'agrément que d'habitations de cultivateurs ; mais aussi les fermiers de ce pays, sans être plus riches que nos gros fermiers des parties bien cultivées de la France, vivent mieux, sont très-bien logés et meublés, et soignent les alentours de leurs habitations.

A environ une lieue de Farnham , le pays devient très-mauvais et peu peuplé jusqu'à l'entrée du comté de Norfolk, dans lequel j'ai encore trouvé des parties bien médiocres ; mais depuis Swafham jusqu'à Holkham, c'est le pays le mieux cultivé que j'aie encore vu en Angleterre, du moins en récoltes sarclées et en grains, d'une netteté et égalité dont rien n'approche, surtout en fermes de quatre à six cents hectares. Je voyais des bestiaux de différentes espèces, mais tous beaux , des vaches du comté d'Ayr en Écosse, du comté de Devon, du comté de Sufolk, sans cornes, des courtes cornes, des Hereford ; enfin, des moutons superbes, mais en général croisés, de Southdown et Leicester, ou de Southdown et Dorset, ou de Southdown et Norfolk. Je voyais des arbres magnifiques du plus grand âge, ornant les fermes, qui sont comme de charmantes maisons de campagne.

Je suis arrivé fort tard dans une petite ville, à quelques milles du château de Holkham, que je venais visiter ; le lendemain matin , je pris un gig pour m'y rendre; nous traversâmes le parc dans sa plus grande longueur ; il a une étendue de deux mille hectares, dont douze cents sont en bois magnifiques ; il y a beaucoup de chênes verts très-gros et plus beaux que ceux que j'ai vus dans le Midi ; ils sont comme des boules, dont les branches tombent jusqu'à terre. Le château est vaste, d'une architecture extraordinaire, il est très-richement meublé ; un lac étendu contribue à l'ornement de ce parc, qui est tellement rempli de gibier, que les récoltes en souffrent infiniment.

La culture du parc qui est de sept cents hectares, se fait pour le compte du comte de Leicester, anciennement M. Coke, par les soins de M. Bulling, son régisseur-général pour la terre de Holkham, qui a près de trente mille hectares, et quoique les terres soient en général peu fertiles, les récoltes y sont superbes.

Arrivé à la ferme, comme M. Bulling était allé faire sa tournée agricole à cheval, mademoiselle sa fille me donna un homme fort entendu pour visiter l'intérieur de la ferme, en attendant le retour de son père : les nombreux instruments et machines sont anciens et fort arriérés sur ce qui existe de bon maintenant.

J'ai vu un grand hâche-paille qui va au moyen d'un manége à un cheval, il coupe deux mille huit cents litres de foin ou paille par heure, et tout le foin consommé dans la ferme est coupé ; on est obligé de l'aiguiser, avec une pierre à faulx, toutes les heures.

On mêle avec le fourrage coupé ou des tourteaux ou des tourailles d'orge, ou des fèves, de l'avoine, de l'orge, concassés. Les tourailles coûtent de 1 fr. à 1 fr. 50 c. l'hectolitre, et conviennent surtout à l'engrais des moutons; on leur en donne depuis une livre et demie jusqu'à deux livres et demie, cela suivant la quantité de turneps dont on peut disposer.

Les toisons du troupeau qui est Southdown, sont de quatre livres pour les brebis, cinq pour les antenois, six pour les moutons et de huit à neuf pour les béliers.

On m'a assuré que les moutons arrivaient au poids de cent vingt livres, et les bœufs Devon à l'âge de quatre ans de mille à douze cents et même à quatorze cents livres anglaises. Ceux que j'ai vus et qui sont en graisse depuis le mois d'octobre dernier, y resteront encore jusqu'à Noël ; ils sont déjà fin gras.

J'ai vu vingt moutons qu'on engraisse à l'étable, ils sont excessivement gras.

La livre de viande de bon mouton vaut dans ce pays 70 centimes.

L'assolement est quatriennal dans les terres ordinaires, et de cinq ans dans les moins bonnes, afin de laisser reposer la terre en herbe deux ans au lieu d'un ; les vesces nommées *german maraphat*, alternent avec le trèfle, qui ne revient ainsi que tous les huit ans ; on sème du ray gras d'Italie dans le trèfle ; pour l'herbage devant rester deux ans, on ajoute du trèfle blanc, de la lupuline, du dactyle pelotonné et du *phleum pratense*.

Les récoltes sont extraordinairement belles cette année ; M. Bulling m'a dit ne récolter, année commune, que de vingt-deux à vingt-trois hectolitres par hectare, et cette année, il prétend récolter trente-un hectolitres soixante-un litres sur toute sa culture.

L'orge *Chevalier*, qu'il cultive exclusivement, lui donne en moyenne de trente-trois hectolitres soixante-douze litres à trente-huit hectolitres soixante-trois litres.

Il compte ne plus semer d'autre ray gras que celui d'Italie, tant il en est content ; quand un champ enherbé est semé moitié en ray gras anglais mêlé d'autres herbes, trèfle rouge, trèfle blanc, etc., et que dans l'autre moitié on remplace le ray gras anglais par de l'italien, le premier, n'étant pas autant du goût des moutons, demeure toujours fort long et sèche sur pied ainsi que ce qui l'entoure, tandis que la seconde moitié est broutée jusqu'au sol.

M. Bulling préfère le *golden drop* aux autres froments, mais il en fait d'autres qui mûrissent avant ou après celui-ci, pour faciliter la moisson.

Dans les sept cents hectares de sa culture, il s'en trouve deux cents en herbage perpétuel, dont il fauche une cinquième partie tous les ans, en changeant chaque année l'emplacement à faucher ; le reste est pâturé. Il ne peut faire ni luzerne, ni sainfoin, ni colza, à cause de l'immense quantité de lièvres et de lapins qui les détruiraient.

Il sème de l'avoine d'hiver, pour la faire pâturer au printemps par les moutons.

Il sème la plus grande partie de ses récoltes sarclées sur billons, comme en Écosse ; alors il emploie une simple houe à cheval, mais pour les rutabagas semés sur terrain plat et plus rapprochés, il les cultive avec une houe à cheval qui prend trois raies à la fois, et pour la conduite de laquelle il faut deux chevaux, l'un devant l'autre ; un petit garçon monte le premier pour le guider, un autre conduit le cheval de derrière par la bride, enfin, un homme très-adroit dirige l'instrument.

M. Bulling, qui est un fort bel homme, est très-froid; cela ne l'a pas empêché, quelques instants après être descendu de cheval, après une longue tournée, de faire seller d'autres chevaux, de m'en offrir un et de me faire voir toute sa culture, ce qui dura plusieurs heures; ensuite nous rentrâmes pour dîner chez lui. J'étais descendu au tourne-bride, qui est une superbe auberge où je fus on ne peut mieux, et cela à très-bon marché. M. Bulling m'engagea à venir le lendemain déjeûner et me dit qu'un des deux jeunes gens qui sont chez lui pour apprendre l'agriculture, m'accompagnerait dans quelques-unes des fermes voisines, si cela m'était agréable; j'acceptai sa proposition avec reconnaissance.

De suite après déjeûner nous montâmes à cheval; mon compagnon, qui était fort poli et prévenant, me conduisit chez M. Bloomfield, un des meilleurs fermiers de la terre. Il était absent, mais nous visitâmes les cultures avec son fils, beau jeune homme que nous trouvâmes occupé à dresser un jeune et très-beau cheval de selle, qui a été élevé à la ferme, et qu'il espère vendre 2,000 fr. lorsqu'il sera dressé et à l'âge de cinq ans. La culture de M. Bloomfield, est très-soignée; assolement de quatre ans, soixante-douze hectares par sole, celle des racines contient quarante-huit hectares en rutabagas, huit en navets, quatre en betteraves, le tout très-propre et en ligne, vingt hectares en trèfle rouge, vingt en trèfle blanc et ray gras, vingt en lupuline ; l'orge vient après les racines, le froment après le trèfle et la minette, et l'avoine après le ray gras. Nous avons vu une très-belle pièce de sainfoin ; M. Bloomfield n'emploie pas le plâtre, je l'ai fortement engagé à l'essayer en même temps que la semaille, dans les terres qui, du reste, sont généralement de mauvaise qualité, car elles n'ont que de six pouces à un pied de terre sur fond de craie ; il y a environ quarante hectares de très-bons herbages, qui anciennement étaient couverts par la marée, mais aidés par lord Leicester, MM. Bloom-field les ont endigués.

Ces Messieurs ont en outre trois cent vingt hectares de marais salants, qui seraient excellents s'ils étaient mis à l'abri de la marée, ils les paient 3 fr. 10 c. l'hectare ; les autres terres ne coûtent que 46 fr. 85 c., mais avec les dîmes et autres droits à payer, cela monte à 78 fr. 10 c. l'hectare.

Ils ont essayé, l'année dernière, le nitrate de soude, à raison de cent vingt-six kilog. par hectare ; cela a augmenté la récolte de cinq hectolitres vingt-cinq litres, sans compter l'augmentation de la paille. Le nitrate avait coûté 68 fr. 75 c., et le grain valait 162 fr. 50 c., cela a donc laissé un beau bénéfice, aussi en ont-ils semé douze mille livres sur leurs fro-ments, cette année.

En rentrant à la ferme, nous trouvâmes M. Bloom-field, grand et bel homme, fort bien conservé pour ces soixante-dix ans ; il me reçut fort bien, me fit voir ses vaches, de l'espèce Devon, qui sont fort belles ; elles ne donnent pas beaucoup de lait, mais il est d'une très-bonne qualité ; il assure qu'elles donnent l'une dans l'autre quatre livres de beurre par semaine durant toute l'année. Une pinte de lait (seize onces) donne une once de beurre ; il a cette espèce depuis seize ans ; auparavant il avait l'espèce du pays qui est plus abondante en lait, mais ne donne pas plus de beurre. Il a plus de deux cents cochons de toute taille, croisés, napolitains et chinois. Il a environ quatre-vingts bêtes à cornes, trente chevaux de travail et vingt élèves ou bêtes de selle. Son troupeau de bêtes à laine dépasse le nombre de deux mille de l'espèce des Southdown ; les vaches ont toutes des boules de cuivre au bout des cornes, afin d'éviter les blessures entre elles, et pour préserver les cochons qu'elles abîmeraient sans cette précaution.

Les veaux ne boivent de lait pur que pendant les premiers jours, ensuite du lait écrémé, que l'on réchauffe, douze litres et demi par jour, partagés en deux rations. Je suis étonné que malgré un si triste régime dans leur jeunesse, ces bêtes deviennent si belles, si bonnes et si pesantes. On les traite de même partout, même dans les fermes des châteaux, aussi les élèves ne brillent pas la première année.

M. Bloomfield estime de bonnes génisses pleines, à trois ans, 500 fr., un bon taureau, à deux ans, 750 fr. Ses bœufs arrivent ordinairement à sept cents livres, et se vendent de 406 fr. 25 c. à 437 fr. 50 c.

Ses juments et vaches rentrent vers le milieu du jour, afin d'obtenir plus de fumier et de garantir les animaux des mouches, qui existent en immense quantité dans ce pays.

M. Bloomfield est grand partisan des semailles fort épaisses, et lord Western, qui l'est aussi, l'est devenu d'après ses conseils, lord Leicester l'ayant amené pour cela chez lui. Il emploie deux cent quatre-vingt-cinq litres de semences de froment par hectare, dans le commencement des semailles, c'est-à-dire, jusqu'au 1er octobre; plus tard, il en sème trois et même trois hectolitres et demi, lorsque les terres sont humides, ou la semaille fort retardée. Il sème vingt-cinq litres de plus en orge qu'en froment, mais en avoine, il sème de trois cent quatre-vingt-quatorze litres à quatre hectolitres trente-neuf litres.

Il assure qu'en semant fort épais, le froment est infiniment moins sujet aux fréquentes maladies desquelles il a beaucoup à souffrir dans ce pays; ensuite qu'étant très-épais, il ne talle presque pas, ce qui fait que les épis sont plus beaux et plus pleins.

Il sème tous ses grains au semoir et regarde cet usage comme une très-grande amélioration. Il fait, ainsi que M. Bulling, labourer à la tâche, paie pour les terres ordinaires 3 fr. 50 c., lorsqu'elles sont humides ou plus fortes 4 fr., et lorsque c'est pour rompre des trèfles, sainfoins ou ray gras, 4 fr. 50 c. On donne en sus aux laboureurs 2 fr. 50 c. par semaine pour le soin de six chevaux ou poulains ; on n'a pas de beaux chevaux de ferme dans ce pays, ils sont nourris avec un mélange de foin hâché et de grains concassés, moitié orge et moitié avoine, en tout neuf litres par jour; lorsqu'ils sont au vert, on ne leur donne pas de grains. M. Bloomfield préfère le sainfoin à tous les autres fourrages ; vient ensuite le trèfle ordinaire et puis le trèfle blanc mêlé de ray gras. Il paie 2 fr. pour l'ensemencement d'un hectare, et de 15 à 20 centimes pour passer deux cent quatre-vingt-un litres de grain au tarare. Il a comme M. Bulling, son manége arrangé de manière à ce que chaque cheval tire sur une chaîne passée dans une poulie, à laquelle est suspendue une caisse du poids de cent livres, dans laquelle on ajoute des poids selon la force du cheval, afin d'égaliser le tirage, cela évite aussi les à-coups, et par là, empêche la machine d'être facilement cassée.

M. Bloomfield nous a engagés à dîner avec lui, il est veuf, mais il a auprès de lui son fils et deux filles, qui ne s'étaient pas attendus à cette invitation, car on remit le couvert. Nous eûmes du bouilli, un excellent rôti de mouton tué à la maison, deux plats de légumes, dont un au lard, du riz au lait, un pouding, une tarte aux groseilles, du fromage, des petits gâteaux, des cerises et des figues sèches; pour boisson de la bière, de l'aile et deux espèces de vins. Le linge de table damassé, était fort beau et très-blanc.

La maison est belle : dans le salon, qui est parfaitement meublé, nous avons vu le portrait en pied de M. Bloomfield ; son fils et lui ont été parfaits pour moi et pleins d'obligeance, soit dans leurs réponses à mes nombreuses demandes, soit dans les questions qu'ils m'adressèrent sur notre culture.

Ils ont, parmi leurs instruments de culture, plusieurs rouleaux, dont un en fonte de trois pieds de diamètre, et du poids de trois mille livres, qui leur a coûté 1,000 f.; ils les emploient beaucoup; le plus lourd sert principalement pour tasser les tranches de gazon retournées par la charrue ; lorsqu'on a rompu une prairie artificielle, on roule, on herse, on sème, on herse de nouveau. M. Bloomfield m'a dit avoir vu, depuis trente ans, plusieurs Allemands, mais très-peu de Français.

Je fis mes remercîments ainsi que mes adieux à MM. Bloomfield, puis à M. Bulling et à mon aimable guide, je fus ensuite à mon auberge demander une voiture pour aller coucher à Wels, afin de partir le lendemain de grand matin avec la diligence.

J'arrivai le 23 vers onze heures chez M. Garwood, à la ferme de Lexham, près de Cartleacre, il était sorti, mais ses nièces me firent déjeûner, et il rentra pendant ce temps et m'accueillit avec beaucoup de cordialité.

Nous examinâmes l'intérieur de la ferme pendant qu'on sellait des chevaux. Il n'a que deux vaches à lait pour son usage ; ayant eu pendant fort long-temps une forte laiterie, il a fait des expériences sur les vaches de Norfolk et les Devon, et il est persuadé que celles-ci donnent au moins autant de beurre que les autres, malgré qu'elles donnent moins de lait. Un de ses voisins, aussi fermier de lord Leicester, et qui a une vacherie de l'espèce du comté d'Ayr en Écosse, est aussi persuadé que les Devon valent mieux que celles-là, même pour le beurre, mais surtout pour la viande.

M. Garwood a un jeune étalon qu'il m'a dit être *pur sang*, et qui m'a paru très-beau : le prix, par saut, est de 50 fr. Il a eu pendant l'année trente juments étrangères à servir et les dix de la ferme. M. Garwood engraisse tous les ans dans ses cours de ferme, de quatre-vingts à quatre-vingt-dix bœufs, de l'espèce courtes cornes; il les achète de dix-huit mois à deux ans; ils coûtent cette année 275 fr. la pièce et ne sont rien moins que beaux ; ils les revend à près de quatre ans, gras, dans le poids de sept cent quatre-vingt-quatre à mille livres, le prix moyen de la livre *sur pied* est de 60 c. ; ces bœufs ne mangent que du foin hâché et quatorze livres de tourteaux de lin par jour, l'engrais dure vingt-une semaines; ils mangent deux mille deux cent cinquante-huit livres de tourteau, qui ont coûté, l'année dernière, 212 f. 60 c., il en a employé pour 16,125 fr. dans l'année. Cela donne un fumier, qui, mêlé avec celui des chevaux et des cochons, forme un engrais très-riche et actif; aussi M. Garwood n'en met-il que dix-sept voitures à trois chevaux par hectare, au lieu de trente, que ses voisins en mettent, et cependant ses récoltes sarclées sont plus belles qu'ailleurs, quoique sa ferme soit en terres très-maigres. Il fait cent huit hectares de rutabagas, qui sont consommés *sur place* par deux mille à deux mille deux cents agneaux; il n'en rentre pas du tout dans ses hangars. Il attribue à cette entière consommation sur place le bon résultat de son assolement.

Sa ferme se compose de quatre cents hectares de terres arables de mauvaise qualité à peu d'exceptions près, fonds graveleux sur calcaire qui se trouve en partie à deux pieds de profondeur, mais qui s'enfonce généralement plus; il a trente-huit hectares de très-bons herbages ou prés arrosés, et vingt-huit hectares de très-bons pâturages, mais ceux-ci sont à huit lieues de sa ferme et lui servent à engraisser une partie de ses agneaux, qu'il a achetés, à quatre ou cinq mois, au prix de 27 fr. 50 c. à 31 fr. 25 c. la pièce, et qu'il revend en mai, dix mois après, au prix de 47 fr. 50 c. à 50 fr., on ne leur donne en hiver que des rutabagas coupés et un peu de foin hâché, et le reste du temps ils sont sur le pâturage; son assolement est quatriennal.

Il a essayé l'année dernière le nitrate de soude, à raison de cent vingt-cinq kil. par hectare sur du froment, qui a rendu trente hectolitres soixante-quatorze litres, tandis que celui qui n'avait pas eu de nitrate, n'a donné que vingt-un hectolitres quatre-vingt-quinze litres, c'est donc huit hectolitres soixante-dix-

neuf litres en sus, qui, dans cette année de cherté, va-
laient 273 fr. 40 c., tandis que les cent vingt-cinq
kil. de nitrate rendus chez lui, n'avaient coûté que
71 fr. 85 c.; l'augmentation de la paille n'a pas été
évaluée.

M. Garwood pense que le nitrate produit plus d'effet sur les terres légères, dont le fond calcaire est
assez éloigné, que sur celles où il est plus près de la
surface. Un jeune cultivateur du comté de York qui
était chez M. Garwood, m'a dit avoir eu un très-bon
résultat de l'emploi du nitrate sur les herbages humides et en terre forte. M. Garwood a été si content
de celui qu'il a obtenu, qu'il a acheté cette année
de quoi en amender tous ses froments sur cent hectares.

Il m'a dit que son produit moyen était de vingt-
deux hectolitres soixante-quinze litres en froment, il
espère l'augmenter de beaucoup au moyen du nitrate.

Ses laboureurs ne travaillent pas à la tâche, mais
lui labourent soixante arcs par jour, dans le bon
temps.

Il ne sème pas aussi épais que M. Bloomfield, il
met deux hectolitres vingt litres de froment dans le
commencement de ses semailles, et de trois hectolitres huit litres jusqu'à trois hectolitres et demi, lorsqu'il sème tard en novembre; il emploie le semoir de
Cooke, qui dépose la semence de froment à neuf pouces, et celle d'orge à sept pouces de distance en ligne,
il regarde aussi ce genre de semaille comme un grand
perfectionnement.

M. Garwood fait faucher tous ses grains ; ses faucheurs gagnent 137 fr. 50 c. pour toute la moisson, courte ou longue ; chaque faucheur est suivi par deux femmes, pour relever le grain et pour le lier au fur et à mesure, ce qu'elles font en très-petites gerbes liées avec de la paille du grain ; ces femmes gagnent 3 fr. 10 c. par quarante ares.

Ses faucheurs travaillent habituellement pour lui pendant toute l'année ; ils viennent de finir les sarclages des rutabagas (cent hectares sarclés deux fois), chaque fois à raison de 7 fr. 72 c., et l'éclaircissage, 4 fr. 65 c. ; comme la moisson approche et qu'il ne veut pas renvoyer ses gens, il les fait repasser dans ses récoltes sarclées les premières faites, afin d'ôter les herbes qui ont pu repousser, et de couper les chardons en pleine fleur. M. Garwood dit, comme M. Bloomfield, que le comte de Leicester est le meilleur des propriétaires et le meilleur des hommes qui ait jamais existé.

Il me dit qu'il avait pris sa ferme actuelle, il y a dix-sept ans, dans le plus mauvais état de culture, d'épuisement et de saleté : elle était couverte de chiendent ; il sortait d'une plus petite ferme, appartenant aussi à lord Leicester : il prit la nouvelle pour vingt-un ans ; mais il était à peine arrivé à la moitié de ce bail, que le comte lui en accorda un nouveau de vingt-un ans, en lui disant de fixer lui-même l'augmentation de rente qu'il croirait devoir lui en donner : il n'en donne que 31 fr. 25 c. par hectare ; cette ferme était, lorsqu'il l'a prise, la plus mauvaise des *deux cents* fermes dont se compose la terre de Holkham : maintenant elle est couverte des plus belles récoltes possibles.

Il avait les larmes aux yeux en parlant de son propriétaire et faisait des vœux pour la prolongation d'une vie si précieuse, malgré ses quatre-vingt-six ans.

M. Garwood a une fort jolie maison, très-bien arrangée et meublée ; dans la salle à manger il y avait plusieurs tableaux représentant des animaux favoris, dans son salon était son portrait en grand ; il est représenté à côté d'une charrue, ayant son lévrier à ses pieds.

Il n'a pas d'enfants, mais plusieurs neveux et nièces qui les remplacent.

M. Garwood, après m'avoir donné tous les renseignements que je pouvais désirer, m'avoir fait dîner avec une assez nombreuse société, fit atteler un joli tilbury et m'envoya à Swafham, où je pris la diligence de Norwich.

La terre de Holkham se compose de vingt-huit mille sept cents hectares qui, il y a soixante ans, ne se louaient pas plus de 6 à 7 fr. l'un dans l'autre, et qui, quoique loués maintenant à très-bon marché, en rapportent plus de cinquante. M. Garwood m'a dit que, bien qu'il ne soit dans sa ferme que depuis dix-sept ans, il en est déjà à son troisième marnage de cent six mètres cubes à l'hectare ; cela et sa bonne culture lui assurent d'aussi bonnes récoltes que les meilleures terres en puissent produire.

De Swaffham à Norwich, qui est la capitale du comté de Norfolk, j'ai traversé un fort beau pays, en général riche et bien cultivé, orné par de jolies maisons de campagne ou ferme, de fort beaux châteaux et parcs. Norwich est une ville de cinquante mille âmes, dont les manufactures ont perdu beaucoup depuis cinquante ans; j'y ai couché et en suis parti à six heures du matin pour Ipswich, où je suis arrivé à une heure. Depuis Norwich les terres sont plus fortes, mais toujours sur fond calcaire; les rutabagas sont à peu près remplacés par des fèves et betteraves : toujours bonne culture et belles récoltes.

Ipswich est une fort jolie ville dans une position délicieuse, à mi-côte au-dessus d'une belle rivière où remonte la marée. Il y a une immense manufacture d'instruments aratoires, qui emploie quatre cent trente ouvriers; on y fait usage de machines d'un grand prix et fort ingénieuses pour la plus parfaite et la moins dispendieuse fabrication des instruments; ces machines, ainsi que les rabots à fer, les filières, etc., marchent au moyen de deux machines à vapeur.

On emploie dans cette manufacture plusieurs qualités de fer, ou seules, ou mélangées selon le besoin. On emmenait, pendant que j'étais là, un tombereau plein de petits socs en fonte; on en a de plusieurs formes qui s'adaptent, suivant l'ouvrage, à la même charrue, entre autres des socs faits pour entrer plus facilement dans un sol dur.

Cette grande manufacture appartient à MM. Ransom , deux frères et un fils et un autre Monsieur qui est leur ingénieur : ce sont des Quakers, je les avais déjà vus à Cambridge.

J'ai trouvé là beaucoup de très-bons instruments, mais je n'ai pu m'empêcher de leur dire que, malgré la grande quantité de charrues différentes les unes des autres qu'ils établissent, il n'en ont pas une qui soit aussi bien que la charrue belge , et je les ai fortement engagés à en faire venir une de Bruxelles, ainsi qu'une herse, car la herse belge , dans toute sa simplicité , vaut mieux que toutes les nouvelles herses perfectionnées que j'ai vues en Angleterre et ailleurs.

Après la visite en détail de cette belle manufacture, M. Ransom aîné m'a engagé à dîner chez lui, dans une charmante maison de campagne , près la ville ; une sœur et sa fille l'habitent avec lui ; après dîner nous fûmes chez un beau frère , M. Biddel, grand fermier du voisinage, qui est l'inventeur d'un excellent scarificateur qui porte son nom.

Il y avait un grand dîner , mais on était au dessert; M. Biddel, malgré cela , voulut bien me faire voir sa ferme, qui est très-bien cultivée. Il m'a dit dépenser 125 fr. de main-d'œuvre par hectare , mais cela, en ne comptant pas les mauvaises pâtures ; il paie ses journaliers à des prix différents , suivant leur force , activité et capacité.

Il loue à tous ses journaliers vingt ares pour jardin et champ de pommes de terre ; il est aussi l'inventeur de claies à parc qui se déplacent au moyen de deux petites roues en fonte, qui supportent par leur essieu en fer un bout de la claie ; l'autre bout s'accroche au moyen d'un crochet à la claie précédente : elles ont de vingt à vingt-cinq pieds de long.

Nous avons vu chez lui quatre chevaux de voiture ou de selle pour son service, et un poulain d'un an qu'il ne donnerait pas pour 1,000 fr. Nous prîmes congé de cette bonne et aimable famille vers onze heures et fûmes coucher chez M. Ransom, qui me conduisit à Ipswich, après le déjeûner. De là à Kelvédon, en passant par Colchester, jolie ville à vingt lieues de Londres, le pays est fort beau, riche et bien cultivé. J'étais à côté d'un Monsieur qui finit par me dire qu'il était fermier, qu'il était allé en Hollande, en Belgique et sur les bords du Rhin, pour s'instruire dans la tenue des laiteries hollandaises et en agriculture ; il a été le premier à me dire combien il trouvait les charrues et les herses belges supérieures à celles de l'Angleterre ; il a trouvé en Hollande un Anglais qui s'y est fixé il y a quelques années, pour y fabriquer en grand les fromages de Derbyshire; plusieurs propriétaires de grandes vacheries lui vendent leur lait, dont il fabrique les fromages : le succès de l'entreprise de cet homme intelligent paraît certain. Mon voisin me dit avoir introduit chez lui plusieurs améliorations, entre autres celles de donner du tourteau de lin à ses vaches laitières, et il s'en trouve à merveille : les fermiers à laiteries de son voisinage ont suivi son exemple. Ce fermier est aussi allé en Écosse, pour y étudier cette excellente culture ; il m'a surtout fait l'éloge de celle du marquis de Tweddale, dans les environs de Haddington.

Arrivé à Kelvédon, petite ville sur les bords d'une charmante rivière, à seize lieues de Londres, je m'arrêtai et fus au château de Félix Hall, chez lord Western, qui me reçut on ne peut mieux, me fit voir sa ferme du château ; après quoi nous montâmes dans sa voiture, pour visiter une autre ferme qu'il fait aussi valoir. Ses mérinos sont de moyenne taille, il leur a donné, il y a quelques années, des béliers de Saxe, ils sont très-disposés à prendre la graisse ; les brebis qui proviennent d'un croisement de bélier à longue laine avec des brebis mérinos, sont presque grasses, bien qu'elles n'aient cessé d'allaiter que depuis quelques jours, et qu'elles soient dans un pâturage fort ordinaire. Il tient toujours trois moutons mérinos de chaque âge à la bergerie, hiver comme été ; on les nourrit avec du vert lorsqu'il y en a, et une livre de tourteaux de lin, en hiver avec du foin, des turneps ou rutabagas, ou betteraves et toujours la livre de tourteau ; cela dure jusqu'à ce qu'ils aient quatre ans, alors ils sont exposés et vendus au concours et marché de Smithfield. On ne les tond qu'à l'âge de trois ans et demi ; à cette époque la laine a trente-trois centimètres de long ; ils sont toujours couverts d'une toile, pour empêcher la laine d'être salie ou arrachée. Les moutons anglo-mérinos qui à Noël auront trente-trois mois, et ceux qui à la même époque en auront vingt-un, sont déjà maintenant d'une graisse qu'on n'a jamais vue en France : le poids des plus gros de trente-trois mois sera de cent cinquante-quatre livres ou environ, et celui des meilleurs parmi les plus jeunes, de quatre-vingts livres ; ils sont engraissés pendant dix semaines. Ses béliers mérinos sont très-beaux, il en vend beaucoup des deux espèces pour l'Australie et même l'Indoustan, au prix de 125 à 250 fr., depuis l'âge de huit mois à deux ans ; il y en a qui, étant vendus, ne reçoivent que du sec, pour les habituer à la nourriture du bord. Les béliers dont il se sert sont attachés comme des chevaux, afin de les empêcher de se battre, et ne vont jamais en pâture.

Les semoirs perfectionnés par lord Western m'ont paru très-bien, mais ils ont un grand défaut, c'est d'être très-chers ; le premier a dix-huit socs et ne sème que le grain, il coûte 2,500 fr. ; on peut semer dans un jour, jusqu'à cinq hectares soixante ares, il faut pour cela quatre chevaux et trois hommes ; le second n'a que douze socs, qui délivrent en même temps la semence et l'engrais, il coûte 1,500 fr., et demande deux ou trois chevaux.

Lord Western sème ordinairement deux hectolitres soixante-quatre litres par hectare, et obtient ainsi des grains d'une beauté extraordinaire ; ses terres sont très-bonnes, assez fortes, sur marne argileuse ; il compte récolter cette année, trente-trois hectolitres en froment, et quarante-deux hectolitres en orge, par hectare ; ses fèves sont très-belles ; il a environ dix hectares de choux cabus qui sont superbes et très-propres, ils sont plantés à trois pieds en tous sens ; il a de fort belles betteraves, mais peu de rutabagas.

Il mêle de la marne argileuse avec ses fumiers traités en composts.

Il a des vaches Devon d'une grande beauté, et a acheté à Cambridge, pour le prix de 1,200 fr., deux génisses, l'une prenant trois ans, l'autre en prenant deux : elles sont moins belles que les siennes.

Ses cochons croisés napolitains avec l'espèce du comté d'Essex, sont fort beaux et prennent la graisse avec trop de facilité, à ce qu'il m'a paru, pour les truies destinées à la reproduction. Le poids d'un cochon de huit à neuf mois est de deux cents, et ceux de vingt-un mois à deux ans arrivent au double.

J'ai vu de fort belles luzernes et de superbes vaches courtes cornes chez un de ses fermiers.

Lord Western est fort content du ray gras d'Italie. Les différents essais de nitrate de soude qu'il a faits ne sont pas concluants ; je crois que ses terres sont trop fortes, pour que cet amendement leur convienne.

Le lendemain, lord Western a eu la bonté de mettre son coupé à ma disposition, pour que j'allasse voir M. Fisher Hobbs, jeune fermier de la plus haute distinction, qui a eu, l'année dernière, trente-neuf prix de tous genres, et que j'avais vu à Cambridge ; il habite une très-jolie ferme à une petite distance de Félix Hall, en attendant qu'il ait hérité d'une belle propriété qui lui est destinée.

M. Fisher Hobbs a fait son éducation agricole chez un des élèves du fameux Backwell, dans le comté de Leicester, et l'a achevée chez un des meilleurs cultivateurs de Suffolk. Il m'a dit que pour recevoir les enseignements de la culture et être en pension chez un bon cultivateur, il fallait payer de 2,500 fr. à 3,000 fr., cela, sans compter la nourriture d'un cheval. C'est chez lui que j'ai vu sans contredit les meilleurs froments; il cultive principalement un froment qu'il a découvert et propagé, il l'a nommé *Marygold red Wheat*, il le vend 125 fr. les deux cent quatre-vingt-un litres; il est en effet magnifique: sur un champ où il a obtenu il y a deux ans quarante-quatre hectolitres trois quarts à l'hectare, il aura au moins trente-trois hectolitres cette année, bien qu'il n'ait été semé que vers Noël, à cause du mauvais temps; il ne sème dans les commencements que deux hectolitres, et plus tard, deux cent vingt litres. Il a un magnifique champ du froment de printemps du colonel Talavéra, pour lequel celui-ci a eu à Oxford un prix de 750 fr., comme étant le plus beau du concours; la récolte que nous avons vue sera mûre avant les froments d'hiver, et est aussi belle que possible; il pense qu'elle donnera trente-un hectolitres soixante litres par hectare.

Il a cultivé pendant plusieurs années vingt-huit variétés de betteraves, et en est venu à regarder les betteraves dites *globes rouges* et *jaunes*, non-seulement comme les meilleures, mais comme les plus productives de toutes, y compris les disettes. Il cite comme preuve de leur qualité, que les lièvres les attaquaient, sans toucher aux autres ; elles lui ont donné soixante-dix mille kilog. à l'hectare, tandis que les disettes à côté ne lui en donnaient que soixante-deux mille. Il a eu l'obligeance de m'en donner un peu de graine, ainsi que des gravures d'un superbe bœuf d'Hereford, pour lequel il a obtenu un premier prix.

Il cultive la pomme de terre nommée *mangel Wurzel Potatoe;* elle a produit chez un fermier de lord Western, nommé M. Beasley, cent douze mille kilog. à l'hectare : ceci me paraît impossible.

Ces pommes de terre sont, chez M. Fisher Hobbs, d'un feuillage excessivement vigoureux et presque noir ; il estime beaucoup celles du comté de Berk, comme très-bonnes à manger, très-productives et hâtives ; il cultive à côté aussi la shave, c'est celle des trois dont les fanes sont le moins vigoureuses.

Il a environ un hectare de choux nommés *Drum head* et *Battersea cabbage ;* il les fume à raison de cent mille kilog. à l'hectare, et prétend que ces choux produisent des têtes pesant trente livres ; il sème pour le replant, en février et mars, les replante en juillet et août par la pluie ; il dit que pour en avoir de fort beaux et très-hâtifs, il faut prendre du plant sur la même pépinière, le repiquer pour l'hiver à quatre pouces, et le replanter en place, au printemps.

Il cultive environ vingt-quatre hectares en rutabagas et betteraves, mais seulement un tiers des dernières, il les fume à raison de cinquante mille kilog.;
il a cent hectares de pâturages, qui formant un parc
ne peuvent être labourés, sans cela il les retourne-
rait; il a cent hectares de terres labourées, assolées à
quatre ans; mais au lieu d'orge, il sème beaucoup de
froment de mars; il ne fait pas beaucoup de trèfle,
préférant pour son troupeau le ray gras d'Italie,
mêlé de trèfle blanc et de lupuline; il fait beaucoup
de vesce d'hiver de Yorkshire qu'il estime beaucoup.

Il a des béliers Leicester dont la laine m'a paru
fine, j'en emporte des échantillons; il n'a d'agneaux
purs, que pour s'entretenir de béliers; il donne à ses
brebis Leicester des béliers mérinos, et à ses brebis
Southdown des béliers Leicester; les agneaux anglo-
mérinos, ainsi que ceux de lord Western, ressemblent
plus au mérinos qu'aux bêtes longue laine, le père
étant mérinos; il n'élève pas de ses produits croisés
en aucun genre, tout est vendu à des engraisseurs.

Il m'a paru que ses Leicester ne sont ni aussi
longs, ni aussi pesants que ceux des comtés à pâturages que j'ai vus; il est probable que cela vient de la
sécheresse du climat et des pâturages, qui ne sont pas
sur les bords d'une rivière ou au moins de ruisseaux
ou de sources; leur état d'embonpoint est très-satis-
faisant, les brebis, qui étaient dans un pâturage où
il y avait fort peu d'herbe et qui ne recevaient pas
d'autre nourriture, sont néanmoins très-grasses, du

moins elles le seraient pour la France ; elles donnent cinq livres de laine, les moutons, de sept à huit livres ; il y a un lavoir couvert qui est charmant, c'est une petite cabane située au-dessous du courant d'une source donnant environ trois pouces cubes d'eau ; la cabane est divisée en deux parties : une contient une vingtaine de moutons qui y viennent d'un parc voisin, et l'autre contient un réservoir ovale de huit à neuf pieds de long, sur environ cinq de large ; les laveurs sont sur un espèce de trottoir qui en fait le tour ; le réservoir a cinq pieds de profondeur. Les moutons sont obligés de nager, on les y tient environ deux minutes, en les forçant d'en faire le tour, moyennant des espèces de crochets qui ne peuvent pas les blesser ; ensuite on les lâche dans un herbage qui fait le tour du lavoir. Ces bêtes n'étant jamais à la bergerie, sont bien moins sales que les nôtres ; dans le cas où il se trouve des bêtes trop sales pour qu'un simple bain suffise pour les décrasser, un homme placé dans un trou pratiqué près du réservoir, frotte l'animal avec les mains ; ce trou est couvert quand on n'en fait pas usage ; je suis étonné que cette eau, qui sort de terre, ne soit pas trouvée trop froide.

M. Fisher Hobbs vend ses béliers de 375 fr. à 750 fr.

Il a un fort beau taureau courtes cornes qui a eu cinq premiers prix, il a quatre ans ; son poids, s'il était gras, serait de seize cents livres.

Il élevait des courtes cornes, mais il a maintenant des Hereford : il m'a dit que ce qui l'avait fait changer, c'est que ceux-ci sont plus communs dans le comté et le voisinage que les premiers, ce qui fait qu'on s'en défait plus facilement; il pense qu'ils s'engraissent aussi facilement que les autres, mais les premiers sont bien supérieurs pour le lait; ses bœufs gras de Hereford, âgés de trois ans et demi, pèsent en moyenne douze cents livres, ils sont très-beaux; il m'a dit qu'une bonne génisse de deux ans de pure race vaudrait de 750 à 1,200 fr. Il a une petite génisse croisée courtes cornes et Suffolk, dont la mère qui appartient à un de ses amis, donne pendant quatre mois douze livres de beurre par semaine.

Ses cochons sont les mêmes que ceux de lord Western; il vend les plus beaux mâles jusqu'à 250 fr., à l'âge de cinq mois, et les femelles 125 fr.

Il a un rouleau pesant deux mille cinq cents livres, coûtant 625 fr., et un autre du même prix, quoiqu'il ne pèse que mille cinq cents livres, mais il est monté sur une espèce de petite charrette pour le conduire au champ, et quand on veut rouler, on ne fait que le renverser sans dessus dessous, les roues de la charrette sont alors en l'air.

Son hâche-paille marchait ci-devant par le manége de la machine à battre; depuis qu'il y a fait adapter une roue multipliante, un homme et un garçon coupent tout le foin et la paille pour quatre-vingts grosses bêtes et mille moutons.

Il a, pour ramasser le foin, de grands râteaux

dont les dents sont plates et en acier, ils m'ont paru fort commodes.

Ses pâturages, dont le sol est fort et sur marne argileuse, sont saignés de la manière suivante : au moyen d'une charrue ordinaire que le laboureur tient inclinée à gauche, il ouvre, en versant à droite, une raie de neuf pouces de large et quatre de profond ; il en ouvre une autre en revenant et versant encore à droite, et observant de laisser un gazon de la largeur de deux pouces et demi entre les deux traits de charrue ; ce gazon est enlevé de manière à ce qu'il ait à sa superficie deux pouces et demi de large, cinq pouces à sa base et quatre pouces d'épaisseur, ce que l'on obtient, si la charrue a été tenue obliquement au premier tour ; puis ensuite, au moyen d'une charrue à creuser, on recommence au fond de la raie une seconde raie de quatre pouces de profondeur. Des hommes avec des pelles tranchantes vident la raie, et ensuite avec les instruments convenables creusent la rigole, de manière à arriver au moins à dix-huit pouces de profondeur, si cela doit demeurer en pâture permanente ; dans le cas contraire, il faudrait que la rigole fût profonde de deux pieds et demi ou trois pieds, mais dans tous les cas, large seulement de deux pouces au fond. Enfin, quand le tout est bien creusé et nettoyé, on place la tranche de gazon dans la rigole, en mettant l'herbe en-dessous et en bien l'appliquant : si ce gazon a été bien fait, il joindra parfaitement sur les côtés et laissera un vide au-

dessous de lui ; on remplit ensuite la rigole, et l'écoulement des eaux de pluie obtenu de cette manière,
peut durer trente ans et plus , mais cela seulement
dans des terres compactes. Cette opération lui coûte
3 fr. 10 c. pour quatre-vingt-cinq mètres , ou 50
pour $^o/_o$ de moins que le même ouvrage fait à la
main. Toutes les eaux de fumier et les urines vont
par-dessous terre dans un réservoir couvert, pour
servir, au moyen d'une pompe très-bonne et d'un tonneau monté sur roues , à arroser les pâturages, qui
sont aussi fumés.

Il nourrit ses cochons avec les eaux grasses de la
cuisine et celles de la brasserie, des déchets de grains
concassés, du son , de jeunes vesces , du trèfle et
des feuilles de choux, etc. , et en hiver , avec des
pommes de terre et des betteraves cuites, pour tenir
lieu d'herbe ; il donne toujours du sel de roche à ses
bêtes à l'engrais.

Il approuve beaucoup le croisement des bonnes
races , mais seulement pour en vendre le produit au
boucher, sans jamais en élever, aussi bien les mâles
que les femelles.

Je pris congé de M. Fisher Hobbs, dont la personne
et la culture me plurent infiniment ; il me fit promettre qu'à mon retour d'Écosse je viendrais le voir ,
ce que je ferai volontiers , car il y a beaucoup à apprendre chez lui.

Le 27 juillet, je quittai lord Western, qui fut
plein de complaisance pour moi pendant les deux

jours que je passai chez lui. Il n'est pas marié, mais deux jeunes ménages qui étaient venus passer quelque temps avec lui, furent on ne peut plus prévenants et aimables. Je fus coucher à Londres; le pays que j'eus à traverser est magnifique et d'une extrême richesse. On devine en le voyant qu'on approche d'une grande capitale. Le chemin de fer qui doit conduire de Londres à Norwich, est terminé sur une longueur de sept lieues, mais on dit que l'argent manque pour le continuer.

Je partis le 28, à six heures du matin, par un temps sombre et très-froid, avec le premier convoi du chemin de fer qui va à Birmingham, pour me rendre au château d'Althorp, situé près de Northampton, à soixante milles de Londres; nous fîmes ces vingt-quatre lieues en trois heures. Cet espace offre l'aspect d'un beau et riche pays, mais la culture n'y est plus aussi perfectionnée. Un omnibus nous conduisit à Northampton, qui n'est pas une belle ville; j'y pris un coupé à un cheval qui me conduisit chez le comte Spencer; il était dans une autre terre, mais son frère, qui est capitaine de vaisseau, me reçut fort bien et voulut bien me faire voir la culture de son frère et la sienne. Nous fîmes une tournée de près de quatre heures à cheval : c'est un pays de *promission*, tant pour les pâturages perpétuels, que pour les terres labourables, qui m'ont paru être fort bien conduites; j'y ai admiré les chênes, hêtres, ormes, tilleuls, les plus remarquables que j'aie jamais vus, tant pour la hauteur que pour la grosseur, quoique plantés : car ces magnifiques arbres sont en partie en avenues, même les chênes. Je vis là les plus beaux bœufs courtes cornes possibles, surtout les deux qui figureront à Smithfield, comme bêtes hors ligne ; ils sont déjà d'une graisse extraordinaire, que seront-ils dans quatre mois et demi ? On prétend qu'ils pèseront, l'un seize cents livres, et l'autre dix-sept cents ; ils seront âgés de quatre ans à cette époque et auront passé un an à l'étable.

Les plus beaux bœufs de trois ans se paient de 425 à 450 fr. Il y a aussi des bœufs du comté de Devon, qu'on a payés cette année, pour les engraisser, 387 fr. On espère les vendre au bout d'un an, 575 fr. ; mais en hiver, ils consommeront du foin et des turneps.

Les bœufs du comté de Galloway, espèce noire et sans cornes, venant d'Écosse, passent l'année sur les pâturages, sans foin ni turneps ; on les y laisse pendant l'hiver, afin qu'ils mangent l'herbe dédaignée par les autres : on appelle cela nettoyer les pâturages ; on les a payés 312 **fr.** 50 c. et on compte les vendre 500 fr.

Les petits bœufs des montagnes d'Écosse ont de grandes cornes, sont méchants et n'ont pas d'aussi belles formes que les précédents, mais ils passent pour fournir la meilleure viande ; ils s'engraissent aussi sur les herbages sans autre nourriture. Ils ont coûté 304 fr., et on pense les vendre de 450 à 475 fr.

On n'élève pas à Althorp parc ; les jeunes courtes

cornes arrivent, à quinze mois, d'une autre terre du comte Spencer, nommée Viseton, située dans le comté de Nottingham ; il y a trois bandes de bœufs, l'une de quinze mois, la seconde de deux ans, et la troisième de trois ans, qui passent un an à l'étable.

On envoie tous les bœufs gras par le chemin de fer à Londres ; on ne peut en mettre que quatre des gros et six des Écossais ; on paie un wagon 50 fr. pour un bœuf comme pour six. Le trajet à pied coûte juste le même prix, mais il diminue de beaucoup le poids de l'animal, sans compter les accidents. On met dans les pâturages de grosses pierres de sel gemme d'une couleur rouge sale, et qui ne coûte à la mine que 3 fr. 75 c. le quintal. On fait aussi des élèves de chevaux dans le parc : pour la voiture et la selle, il y en a de fort jolis.

Le troupeau des bêtes à laine Leicester m'a paru fort bien, mais on m'a dit qu'il n'était plus à la mode, qu'on allait travailler à en augmenter la taille et le poids, pour lui rendre la vogue.

Le capitaine Spencer loue une ferme de son frère pour s'amuser, car il habite toujours le château d'Althorp, son frère étant veuf et sans enfants ; mais il m'a dit qu'il cultivait en véritable fermier, ne voulant pas y perdre. Il a acheté de son frère 50 guinées, un jeune taureau, dont il avait désigné le père et la mère avant la naissance ; on ne le lui a livré qu'à l'âge de cinq mois. Il a un étalon pure race Cléveland, qui est magnifique ; il l'a pour améliorer la race des chevaux de travail du pays, et le loue pour la monte aux fermiers du voisinage, 37 fr. 50 c. par saut; il n'a que trois ans, est très-grand, très-fort et a l'air d'un cheval complètement formé; il l'a élevé. Il m'a fait voir aussi un superbe cheval de chasse, qu'il ne donnerait pas pour 5,000 fr. C'est un cheval très-grand et très-corsé; on ne dirait pas à le voir, qu'il pût franchir des haies.

Il a une jument charmante, de pur sang, qui est pleine d'un des chevaux de plus haut renom. Il élève des cochons chinois tout blancs; son frère en a de noirs purs napolitains, qu'on dit bien meilleurs à manger; mais ils sont très-délicats et petits.

Le capitaine eut la bonté de me conduire à la ferme, qui est à trois milles, afin de me faire voir le travail d'une machine à battre à bras, qu'il a louée afin de battre tout son blé avant la moisson, prévoyant la baisse. Cette machine est manœuvrée par quatre hommes à la fois, qui ne peuvent continuer que pendant vingt minutes, tant la besogne est rude. Je n'ai jamais vu travailler de cette force; ils sont relevés par quatre hommes, dont deux s'étaient reposés; un avait nourri la machine et l'autre avait passé le grain par un grand crible, afin d'en séparer les épis cassés. Ces huit hommes et la machine sont à la tâche, on leur fournit deux enfants qui apportent et délient les gerbes; on fait enlever la paille et vanner le grain, ce qui ne les regarde pas. On leur donne pour eux et la machine 3 fr. 75 c. pour chaque quarter, qui est égal à deux cent quatre-vingt-un litres ; ils en battent de dix à quatorze par jour : prenant douze comme moyenne, cela fait trente-trois hectolitres soixante-douze litres, et il ne reste pas de grain dans la paille ; nos machines à quatre chevaux n'en battent pas autant. Chacun de ces hommes gagne de 5 à 6 fr. 25 c. par jour ; mais quel ouvrage ! Cette machine se fabrique dans le comté de Cambridge, sur les confins de celui de Lincoln, à Hoy.

Le propriétaire en a trois qui font son gagne-pain ; il les loue de 80 cent. à 1 fr. 25 c. pour deux cent quatre-vingt-un litres, suivant la qualité du grain, la longueur de la paille, etc. J'ai encore vu chez lord Spencer un essai de trèfle et de luzerne du Caboul, qui n'ont été semés qu'en avril dernier, et qui ont cependant près de deux pieds de haut, surtout le trèfle qui est en pleine fleur et qui est extraordinaire pour la vigueur de ses tiges ; sa fleur est très-petite et d'un rose pâle, on le croit annuel. La cuscute se cramponnait autour de la luzerne, et ce qui est fort extraordinaire, c'est que personne ne connaissait cette détestable plante.

Le capitaine venait d'acheter des brebis de réforme de son frère ; il les avait payées 44 fr. la pièce.

Il a apporté de l'Amérique du sud différentes espèces d'arbres parmi lesquels il y en avait de fort beaux.

On a fait cette année sur une terre légère un petit essai de salpètre qui a fort bien réussi.

On fait grand cas d'un froment nommé *Barrel*

Wheat. Le capitaine Spencer a eu la bonté de faire atteler une machine à faner, elle fait son ouvrage à merveille, cela, en travers des planches bombées dont sont formés à peu près tous les anciens herbages du centre de l'Angleterre; le cheval marche au pas, mais les dents de cette machine n'ont pas le perfectionnement de celles de Holkham, elles sont fixes et peuvent être cassées si elles accrochent; les autres sont maintenues dans la position verticale, par des ressorts qui cèdent lorsqu'il le faut. Les haies sont parfaitement taillées chez lord Spencer, larges par le bas et étroites par le haut; il donne tous les ans des prix aux hommes qui les taillent le mieux, et pour cela, ils doivent palisser les tiges de manière à faire un espèce de treillage; les fortes tiges sont coupées à moitié pour pouvoir se plier. Malgré cela, je trouve que les haies du pays de Luxembourg leur sont supérieures.

Après notre longue course, nous revînmes au château; M. Spencer me fit voir la bibliothèque, qui est contenue dans sept pièces, dont quatre sont immenses : c'est assurément la plus belle et la plus considérable réunion de livres précieux, qui existe chez un particulier, à ma connaissance.

M. Spencer me présenta à sa femme, qui est sœur du duc d'Exéter, à sa sœur et à ses deux nièces; ces dames ont été charmantes pour moi, elles parlent parfaitement le français. Après dîner, elles me firent voir les jardins qui sont superbes, les serres chaudes et la laiterie. Le lendemain, je repris le premier convoi du chemin de fer, pour me rendre à Derby : ce furent encore vingt-quatre lieues faites aussi en trois heures ; mais malgré qu'on fasse deux milles en une minute, lorsque le train est lancé, les nombreuses et longues haltes ralentissent considérablement le voyage.

Les comtés de Northampton, de Leicester et de Derby, que je traversai, peuvent être comptés parmi les parties des plus fertiles de l'Angleterre. Le canal de Londres à Birmingham semble être une charmante rivière, ayant de continuels contours et de jolis ponts ; le chemin de fer le suit pendant long-temps et le passe souvent. Mais la culture de ces riches pays est bien inférieure à celle de ceux que je venais de parcourir, et plus on avance, plus cela se remarque.

On voit des champs où les grains sont très-clairs et remplis d'une plante à grosses fleurs jaunes, espèce de laitue sauvage ; des champs de froment dont on a resemé les places manquées, avec de l'avoine ; des charrues attelées de quatre et même cinq forts chevaux à la file, dans des terres qui se labourent fort bien et ne paraissent pas fortes. La cocote a fait périr beaucoup de bêtes dans ces pays.

On voit différents embranchements de chemins de fer ; les stations très-nombreuses sont fort bien bâties, mais celles des grandes villes sont magnifiques, surtout à Derby. J'arrivai dans cette ville à midi, j'y pris une chaise de poste qui me conduisit dans une belle et bonne terre, qu'habite momentanément le comte de Leicester, pour lequel j'avais une lettre.

Le vénérable patriarche de l'agriculture perfectionnée en Angleterre est bien âgé, il a quatre-vingt-sept ans ; cela ne l'empêcha pas d'être excellent pour moi : après dîner, il fit atteler sa calèche et voulut me faire voir la ferme qu'il cultive depuis un an, dans le but de montrer aux fermiers de ce pays, ce que l'on peut faire sur de pareilles terres, en les cultivant bien. Effectivement il a des récoltes de tous genres admirables, à côté de celles de ses fermiers, qui sont pitoyables.

Le comte me dit qu'il n'avait pas voulu faire partie de la Société royale d'agriculture, parce que, suivant lui, elle n'est pas assez libérale ; avant les beaux discours il veut les actions, et d'après lui, la première chose à faire par les membres qui sont propriétaires, c'est de donner des baux de vingt-un ans à leurs fermiers ; tant qu'ils ne feront pas cela, il ne parviendront pas à améliorer réellement l'agriculture. Un fermier ne peut raisonnablement, dit-il, dépenser son capital sur une ferme que la mort d'un bon propriétaire peut lui enlever d'un jour à l'autre, ou même au bout de quelques années.

Le comte met toute sa terre sur le meilleur pied possible ; il remet les bâtiments de ferme à neuf, et y construit de jolies habitations ; il fournit à ses fermiers toute la tuile à desséchement qu'ils veulent employer. Cette belle terre, composée de dix à douze fermes de cent-vingt à cent-soixante hectares chacune, et dont l'hectare se loue 125 fr. (ce qui n'est pas cher pour une si grande fertilité), doit rester en jouissance à Milady, et reviendra ensuite au second de ses quatre fils. Lord Leicester est devenu, à l'âge de vingt-deux ans, le propriétaire des immenses propriétés qu'il possède, il y a de cela soixante-cinq ans qu'il a employés à les améliorer en y introduisant une bonne culture. C'est lui qui a planté l'immense parc de Holkham ; cela est fort remarquable, car les arbres et même les chênes y sont fort gros ; il a fait d'un sol à peu près désert et fort ingrat, un fort bon et beau pays couvert d'habitations et de magnifiques récoltes. Il m'a dit que toutes ces améliorations n'étaient pas dues à son mérite, mais à ses *tontes de moutons*, fête annuelle qu'il a établie à Holkham et qui avait réuni chez lui tous les meilleurs cultivateurs d'autres pays, et qu'il avait seulement su tirer parti de leurs bons conseils. Il m'a dit avoir été le premier cultivateur de qui les Américains aient acheté des bestiaux améliorés, surtout des Devons et des Southdown les plus profitables de tous. Il en a aussi cédé à M. de Lafayette. Il regarde le semoir comme une très-grande amélioration dans la culture, et le choix des semences comme très-essentiel.

Il a eu la bonté de m'engager à venir cet hiver chez lui, pour le temps de la chasse et d'y amener mes amis. Dieu veuille que cet homme comme on en voit si rarement, vive encore long-temps pour le bonheur de tout ce qui l'entoure. Lady Leicester, qui est fille du comte d'Albemarle, n'a pas quarante ans et est fort agréable ; elle a quatre fils, dont l'aîné a dix-huit ans, et une fille de huit ans, qui est le plus jeune de ses enfants ; ses deux aînés sont de fort beaux jeunes gens ; son troisième est dans ce moment en Chine, comme aspirant de marine. Les deux sœurs de Madame étaient avec leur mari et onze enfants au château ; lady Answer, fille aînée du comte, d'un premier lit, et qui a l'air déjà âgée, y était aussi, et fut, ainsi que ces dames, fort aimable pour moi.

Le 30 juillet, à midi, je repartis sur le chemin de fer, qui me conduisit jusqu'à York, environ trente-deux lieues, traversant de fort belles terres ; en approchant de York, elles sont très-fortes et humides ; mais en revanche, le pays est plus manufacturier, à cause de la présence du charbon de terre. Je me trouvai, sur le chemin de fer, à côté d'un Monsieur qui, voyant que j'étais Français, fut très-obligeant pour moi, me nommant ou m'expliquant ce que nous remarquions sur notre route : je le suivis à son hôtel, nous dînâmes ensemble et allâmes ensuite parcourir la ville, où nous vîmes la magnifique cathédrale. Lorsque nous nous quittâmes, il me dit qu'il fallait que je lui annonçasse mon arrivée à Newcastle, qu'alors, comme il habitait la campagne non loin de cette ville, il viendrait me chercher et me procurerait le moyen de visiter une de leurs fameuses mines de charbon. On dit que les Anglais sont froids et vains, mais il est impossible d'être plus prévenants et accueillants pour un étranger qu'ils l'ont été pour moi, depuis que je suis dans ce pays.

Le 31 juillet, je fus obligé de retourner sur mes pas jusqu'à Rotherham, environ dix-sept lieues, mais sur un chemin de fer, ce trajet est peu de chose ; de là j'eus encore huit lieues à faire pour me rendre au château de Viseton, chez le comte Spencer. Avant la mort de son père, il se nommait lord Althorp ; il a été ministre, c'est maintenant un des meilleurs agriculteurs et surtout des meilleurs éleveurs d'Angleterre ; car il a trois cent quatre-vingts courtes cornes, tous élevés chez lui, et qui m'ont semblés très-beaux. Nous parcourûmes sa culture, qui me parut fort bien ; mais il s'occupe principalement de ses beaux bestiaux. Nous vîmes cinq taureaux énormes, dont le plus jeune avait trois ans et le plus vieux six ans : ce sont des animaux magnifiques, quand on n'a pas encore vu de pareilles bêtes, on ne peut se les figurer, tant cela est supérieur à tout ce qu'il y a de mieux en France, en Allemagne et même en Suisse ; on voit de suite et partout chez eux la noblesse du sang ; ces animaux sont tous plus ou moins méchants, aussi sont-ils toujours à l'attache, même pour la monte, excepté l'un d'eux, qui ne veut opérer qu'en liberté ; ils ont chacun une étable séparée ; l'homme qui lés soigne a un fort et assez long bâton, au bout duquel est attaché un crochet tenant par deux anneaux au bâton, il passe ce crochet dans l'anneau nasal que portent toutes ces belles bêtes, et alors il leur fait faire tout ce qu'il veut sans le plus petit danger pour lui ni pour les autres, et cela, sans être obligé d'employer la force. Nous vîmes ensuite les veaux de lait, chacun dans une stalle à part et sans être attachés. Après cela nous vîmes les jeunes génisses d'un an à deux, dans des pâturages, séparées par âge, enfin les plus belles qu'on puisse se figurer; il lui en reste encore cinq de celles qu'il a achetées après la mort du dernier des trois hommes qui ont créé cette belle et méritante race nommée courtes cornes, les deux frères Colling et M. Masson. Lord Spencer en avait acheté seize pièces, pour la somme de 21,950 fr.; cette acquisition fut faite en 1829; une de ces cinq vaches a quinze ans, une autre douze : celle-ci lui a donné quatre veaux mâles qui ont été vendus successivement pour la somme totale de 4,625 fr., cela, à l'âge de cinq mois; elle lui avait coûté, à l'âge de dix mois, 1,462 fr. 50 c.

Ces seize vaches ou génisses, dont il reste encore cinq têtes, lui ont produit quarante-un veaux femelles qui existent maintenant, ce qui, avec les cinq mères, fait quarante-six bêtes femelles provenant de la même souche. Lord Spencer m'a dit qu'on lui avait offert de ses cinq génisses d'élite, âgées de deux ans, 12,500 fr., il les a refusés; au reste il ne vend jamais de vaches, n'ayant pu encore arriver au nombre qu'il désire avoir de pure race. Ces bêtes ont tant de disposition à prendre la graisse, que souvent elles ne conçoivent pas, ensuite elles ont une si grande valeur, qu'il les conserve, malgré qu'elles soient, une ou même plusieurs années, sans porter. Il en a vendu une pour 750 fr., qui ne portait pas chez lui, à un cultivateur qui l'a prise quoiqu'il en fût prévenu, et depuis elle lui a donné plusieurs beaux produits.

Lord Spencer pense que le changement de lieu et ensuite une nourriture moins abondante ou de moindre qualité peut remédier à cet inconvénient; aussi, va-t-il envoyer les vaches qui ne produisent pas, à Althorp. En 1818, à la vente de Robert Colling, il avait acheté deux vaches magnifiques, dont une lui avait coûté 9,250 fr. et l'autre 7,500 fr.; il ne lui reste pas un seul produit de ces deux bêtes si chèrement acquises : une des deux n'a pas produit, et l'autre n'a donné que quelques taureaux qui ont été vendus. Il dit que trop engraisser les bêtes (ce qui cache les défauts et ce qui permet de mieux vendre), nuit souvent beaucoup aux acheteurs.

Il pense qu'il est plus profitable d'élever une espèce distinguée que d'engraisser ; il fait maintenant des essais comparatifs à ce sujet, à Althorp, et si ce qu'il pense se confirme, il se mettra à augmenter ses bâtiments de ferme dans cette terre, pour y élever au lieu d'engraisser.

Il m'a fait voir sa plus belle génisse, qui est pleine,

et m'a dit que si on lui donnait 25,000 fr. pour son veau, s'il se trouve être un mâle, il ne le donnerait pas.

Les veaux boivent pendant trois mois du lait sans être écrémé, ensuite on le donne écrémé en y ajoutant de la farine d'avoine ou d'orge.

Les bœufs les plus lourds qu'il ait eus, ont pesé mille huit cent soixante-douze livres ; il a une vache de sept ans, qui ne produisant plus et n'étant pas de pure race, est à l'engrais pour le concours de Noël, à Smithfield; elle est estimée peser maintenant mille deux cent quatre-vingts livres anglaises, et il ne pense pas qu'elle augmente de plus de quatre-vingts livres. Il vend ses jeunes taureaux âgés de cinq mois, de 1,125 francs à 1,250 francs ; ce qui prouve qu'il en a le débit, c'est qu'il ne lui en reste pas même pour lui depuis deux ans ; il va cependant en élever deux pour son usage. Il emploie souvent des taureaux à un an ou quinze mois; il a remarqué que les produits n'en viennent pas plus petits au monde que ceux provenant de gros taureaux ; quant aux produits de taureaux âgés de moins d'un an, ils sont trop délicats, et ceux de jeunes génisses restent plus petits.

J'ai demandé à lord Spencer si sa culture ne lui était pas onéreuse; il m'a dit qu'il avait été en perte à Viseton, parce qu'il y avait une trop grande quantité de bêtes, proportionnellement au produit des fourrages, ce qui le forçait à en acheter, ensuite, parce qu'il y conservait des vaches, malgré qu'elles ne produisissent pas de veaux, espérant qu'elles en auraient plus tard, et enfin, parce qu'il entretenait cinq taureaux, au lieu de deux qui lui suffiraient pour saillir cent vaches, ce à quoi il avait été déterminé, afin de pouvoir choisir le mâle, comme il convient le mieux à la femelle, pour remédier aux défauts que pourraient avoir leurs produits; il ajoutait qu'à Althorp, il avait au moins autant qu'un fermier pourrait lui donner; cependant il pense que l'augmentation de valeur du cheptel à Viseton pourra bien combler une bonne partie du déficit qu'offre la culture de cette ferme.

Voici un relevé de la vente qui s'est faite chez Charles Colling, en 1810, de ses courtes cornes qui provenaient d'un croisement avec une vache Galloway :

1° Countess, âgée de neuf ans. . .   400 guinées.
2° Célina, sa fille   200
3° Lady, mère de Countess   206
4° Laura, autre fille de Lady . . .   210
5° Young-Countess, âgée de deux
    ans et fille de la première. .   206
6° Major-Taureau, fils de Lady, âgé
    de trois ans   200
7° Young-Favori, fils de Countess,
    veau   140
8° Georges, fils de Lady, veau. . .   130
                               ———
                          1,692 guinées.

Ainsi, 44,325 fr. pour huit bêtes à courtes cornes, quelle somme ! Une autre, nommée Lilly par Comet, fameux taureau à trois ans, 10,762 fr. 50 c. Trois ou quatre éleveurs ne veulent pas des descendants de ce croisement ; le comte Spencer est du nombre, car il n'en conserve pas de taureaux pour lui ; mais il m'a dit que presque tous les éleveurs ne font pas cette distinction et paient ses produits aussi cher que ceux qui sont tout-à-fait pur sang.

Les seize vaches ou génisses achetées en 1829, de M. Masson, pour 21,950 fr., n'étaient pas les plus chères. Il s'était promis de ne pas mettre plus de 1,500 fr. par tête, l'une dans l'autre, car les bêtes très-chères ne lui avaient pas bien réussi. Ces seize vaches lui ont donné les produits suivants :

Trente-deux taureaux vendus. .	36,950 f. 00 c.
Il estime les quatre plus jeunes taureaux qu'il a, 3,750 f. pièce.	15,000 00
Les sept jeunes, âgés de deux et trois mois, 1,125 f. pièce. . .	7,875 00
Quarante-sept vaches ou génisses, 1,000 f. pièce	47,000 00
	106,825 f. 00 c.

Dans les dernières ventes de courtes cornes de choix, il y a eu encore des vaches qui ont dépassé 5,000 fr. la pièce.

Lord Spencer tient avec le plus grand soin la généalogie de toutes les bêtes qu'il a élevées, tant en bêtes à cornes qu'en moutons ; j'ai vu ses livres et l'ordre extrême avec lequel ils sont tenus ; il a, pour ses bêtes à cornes, une série de marques aux oreilles qui ne passe pas cent, et une autre qui va à plusieurs milles, pour les moutons ; il m'a assuré qu'il connaissait non-seulement toutes les bêtes qu'il a élevées, mais qu'il savait par cœur quels étaient leurs ascendants, et quels étaient les qualités et défauts de ces ascendants ; que sans cette connaissance, un éleveur ne pourrait pas faire de bons élèves améliorés ; qu'il connaissait un Monsieur qui avait eu les meilleures bêtes possibles, rassemblées à des prix très-considérables ; mais comme il n'avait pas de mémoire et qu'il n'avait pas pu, à cause de cela, faire de bons accouplements, il en était résulté que, lors de la vente qu'il en fit, il y a quelques années, elles furent trouvées très-médiocres par les éleveurs et fort mal vendues.

Lord Spencer prenait tous les ans un bélier chez M. Buckley, à Normanton ; mais il trouve maintenant que son troupeau n'est plus à la mode de l'époque actuelle, qui veut des animaux comme au temps où Backwell commençait les améliorations, c'est-à-dire, monstrueux pour la taille et la graisse.

M. Buckley a continué à diriger son troupeau d'après les principes de Backwell, qui tenait, avant tout, à la bonne santé et à une chair ferme ; mais enfin ce n'est plus la mode, et M. Buckley ne trouve plus à louer ses béliers comme par le passé ; tandis que son concurrent, M. Burgher's, qui a eu son troupeau de la même souche que le précédent, mais cela, il y a long-temps, et qui a depuis suivi tout-à-fait une autre marche, en cherchant la taille et la graisse avant tout, se trouve avoir une espèce ne ressemblant en rien à celle de M. Buckley, et comme elle est à la mode, il vend et loue à des prix bien supérieurs. Lord Spencer va donc s'occuper de grandir la taille de son troupeau, en choisissant dans ses propres béliers ceux qui pourront, avec les plus fortes brebis, aider à augmenter la taille, sans diminuer le mérite des formes. Il dit que la petite race qu'il a convient mieux à des terres d'une qualité inférieure, mais que ses excellents herbages d'Althorp parc donneront plus de profit avec une race plus forte.

Les personnes chargées d'opérer les ventes de Smithfield sont payées de leurs peines par tête, d'où il résulte, comme dans nos octrois de France, que les éleveurs ou engraisseurs veulent de grandes bêtes, sans s'occuper s'il y a du bénéfice ou de la perte à élever de fortes bêtes sur de petites terres. Quant aux toisons, lord Spencer prétend qu'une meilleure toison, soit par son poids, soit par sa finesse, n'augmentera jamais le produit d'une bête à laine, que de quelques schellings, puisqu'on tue tous les moutons après la seconde tonte et souvent après la première, les agneaux n'étant pas tondus, et beaucoup étant tués à un an, quinze ou dix-huit mois.

Il regarde comme le premier mérite dans un animal, ce qui constitue la bonne santé et la force ; après

cela il s'occupe des formes, de manière à avoir le plus de viande où elle est préférable ; enfin vient la facilité à s'engraisser, et cela, à un âge peu avancé ; il finit par s'occuper de la beauté après tout le reste. Il estime avant tout la pureté du sang, mais pense cependant que cinq générations provenant d'animaux de mérite font une bonne généalogie.

Il a pour principe, ce qui est cependant combattu par d'autres éleveurs, qu'il ne faut pas rejeter un animal pour en tirer race, s'il a un grand défaut, pourvu qu'il ait de grandes qualités ; mais alors il faut l'accoupler avec un animal qui ait les qualités qui lui manquent, et cela, au plus haut degré possible.

Lord Spencer ne craint pas d'élever de la même famille ; il n'a pas pris de taureau hors de ses étables depuis onze ans ; mais il a cinq taureaux, et de cette manière, les alliances restent toujours assez éloignées, à moins qu'il n'obtienne, par un rapprochement, quelque qualité qu'il ne pourrait avoir autrement. Il cite à l'appui de sa manière de voir, que le fameux Colling avait accouplé un taureau avec sa mère, et le même taureau, avec le produit de cet accouplement, qui se trouvait en même temps sa fille et sa sœur, et que de cette singulière alliance était sorti le fameux Comet, qui a été vendu 1,000 guinées ou 26,250 fr. Il est arrivé à lord Spencer d'accoupler un frère et une sœur de mère, mais de pères différents, cela, pour augmenter une qualité qu'il désirait beaucoup. Le produit quoique amélioré, sous ce rapport, n'était pas encore arrivé au degré désiré, mais ses descendants l'ont acquis complètement.

Lord Spencer non-seulement fait tout ce qu'il peut pour l'amélioration de l'agriculture de son pays, par les bons exemples qu'il donne dans ses deux magnifiques fermes, mais il est un des fondateurs de la Société royale d'agriculture qui s'est formée il y a trois ans, et dont il a été le premier président ; il donne des primes considérables chaque année à la Société de son comté : cette année il lui a fait don d'une somme de 1,800 fr. Il a desséché cent soixante hectares de marais, qui sont maintenant de bons herbages ; et comme il n'y avait pas de pente pour l'écoulement des eaux, il a érigé une machine à vapeur qui sert en même temps à élever l'eau à la hauteur nécessaire pour l'écouler, et à faire marcher la machine à battre, ainsi que le hâche-paille et le coupe-racines, etc. ; elle est de la force de huit chevaux, dépense 1,750 fr. de charbon et augmente le loyer des herbages de plus de 5,000 fr.

Les terres de Viseton sont estimées par lord Spencer 75 fr. l'hectare, ce sont de bons sables ; en se rapprochant des villes, ce loyer double et arrive même au quadruple.

J'ai pris congé de lord Spencer, après avoir obtenu de son extrême complaisance tous les renseignements que j'ai pu lui demander. Il a bien voulu encore me donner une lettre pour un des meilleurs cultivateurs écossais, et m'a envoyé, dans son cabriolet, jusque dans la ville voisine à près de trois lieues.

Les environs de Viseton sont charmants et fort bien cultivés ; mais après avoir traversé un petit parc nommé Gamsborongh, nous sommes entrés dans une immense propriété appartenant à un membre du parlement, qui, n'y venant que pour chasser, et étant fort riche, ne prend pas l'embarras de l'améliorer ; aussi elle a l'air d'un désert couvert d'ajoncs ou de roseaux ; cependant le terrain est en planches, ce qui prouve qu'il a été cultivé ; les terres ne paraissent pas mauvaises, elles auraient besoin d'être assainies et louées en fermes de cent à deux cents hectares, au lieu d'être en immenses fermes mal administrées.

Après avoir monté un coteau assez raide, je me suis trouvé dans une immense plaine dont la terre n'a en général qu'un pied et souvent six pouces de profondeur, sur un fond de pierres calcaires qui ont l'air d'être rangées l'une sur l'autre ; ces terres paraîtraient détestables, si l'on n'y apercevait pas de superbes récoltes de froment, d'orge et de trèfle ; les champs de turneps annoncent par leur belle culture de bons fermiers ; les haies sont peu anciennes, les champs, grands et réguliers, me font penser que ces terrains ne sont pas cultivés depuis un grand nombre d'années. L'hôte de l'auberge isolée où je m'arrêtai pour attendre le passage d'une diligence, me dit que j'étais dans le comté de Lincoln, et seulement à huit lieues de la ville de ce nom. Il me fit voir sa petite culture composée d'une trentaine d'acres ou douze hectares. Comme il tient un relai de diligence, il fait beaucoup de fumier, il le mêle avec de la chaux et obtient ainsi de superbes récoltes. Il a un champ de froment de *golden drop* qui n'a pu être semé en partie qu'au commencement de janvier, et le reste, courant de février, ce qui n'empêche pas qu'il soit magnifique; ses froments lui donneront au moins vingt-huit hectolitres par hectare, ses orges quarante-deux hectolitres : sur de petites terres c'est bien beau. Il vend ses navets à des fermiers voisins, pour être consommés sur place, de 187 fr. à 312 fr. l'hectare. On chaule cette terre toute calcaire qu'elle est, à raison de cent douze hectolitres quarante litres à cent quarante hectolitres cinquante litres, ce qui coûte de 150 à 180 fr. 50 c. Dans cette petite auberge isolée, il y a un charmant salon, un beau tapis, des meubles en acajou, un beau vase de fleurs nouvellement cueillies, un joli jardin, et c'est ainsi dans chaque auberge de village : cela est fait pour étonner un Français.

La diligence arriva et je parcourus une assez grande partie de Lincolnshire, qui n'en était pas la plus belle; enfin nous arrivâmes sur une grande rivière nommée l'Humber, où nous attendait un paquebot à vapeur, qui nous conduisit à Hull, une des villes les plus commerçantes de l'Angleterre, et dont le port est plein d'une immense quantité de bâtiments de commerce et de bateaux à vapeur. La ville n'est pas belle, j'en repartis le lendemain de grand matin, avec le premier train du chemin de fer, pour me rendre chez M. Watson, à Wandby, commune d'Ellougthon, à quatre milles de Brough, où je quittai le chemin de fer, et qui est à huit milles de Hull. Je savais que M. Watson est un excellent cultivateur, mais je n'avais pas de lettre pour lui ; je me présentai chez lui comme cultivateur français, désirant voir sa belle culture : il me dit qu'il était désolé de ne pouvoir, ce jour-là, qui était le dimanche, me la faire voir, étant obligé de se rendre à sa chapelle, mais que le lendemain matin, il m'enverrait son cabriolet à Brough, et qu'il me consacrerait avec plaisir sa journée ; je le quittai et fus déjeûner à Brough, où je fus obligé de rester toute la journée, faute de pouvoir louer de voiture, et le chemin de fer n'allant, le dimanche, que le matin et le soir.

J'appris à Brough que M. Watson venait de perdre son frère, garçon comme lui, avec qui il vivait et faisait valoir une ferme de quatre cents hectares, et une propriété à eux de quatre-vingts hectares : aussi lui avais-je trouvé un air bien triste. Le matin à huit heures, j'arrivai de Hull, où j'avais couché, et trouvai, à la station du chemin de fer de Brough, un domestique en livrée qui m'attendait avec un fort joli cabriolet et un très-beau cheval ; nous fûmes bientôt chez M. Watson, qui me fit déjeûner dans une charmante maison très-bien distribuée et meublée, entourée d'un jardin anglais très-bien tenu ; après cela, nous vîmes ses bestiaux, qui sont de superbes courtes cornes et des moutons Leicester ; il fit atteler et nous parcourûmes sa vaste culture, que je trouvai excellente; ses turneps, qu'on était occupé à éclaircir, me parurent mieux que ceux de Holkham, qui, quoique très-épais dans la ligne avant l'éclaircissage, étaient beaucoup trop clairs après, ce qui provenait de la négligence des sarcleuses, qui, pour ne pas se baisser et arracher à la main, faisaient le tout avec le sarcloir et coupaient très-souvent ce qu'elles devaient laisser, l'opération se payant à la tâche. Chez M. Watson, qui fait faire cette intéressante opération à la journée, le sarcleur se sert de son sarcloir pour ôter le plus gros des navets, et laisse aux distances voulues, de petits paquets de turneps; un enfant qui le suit, qui ne se sert que de ses doigts, arrache tout ce qu'il faut, ne laissant qu'une seule plante où était le paquet.

Chez M. Watson les veaux m'ont paru infiniment plus beaux et plus vigoureux qu'ailleurs. Je lui demandai comment il les élevait, il me dit qu'il les laissait teter leur mère pendant cinq mois.

Sa culture a cela de particulier, qu'il ne fait de foin que pour ses vaches à lait et ses bêtes malades; il ne sème qu'une petite quantité de trèfle rouge, car il ne donne point de foin à ses chevaux, mais fait couper, par son hâche-paille, les gerbes d'avoine sans les battre. Ces avoines ont, cette année, quatre pieds et plus de haut; on en donne aux chevaux autant qu'ils veulent en manger. Il leur donne encore du sel, et lorsque l'ouvrage est très-fort, il ajoute à la ration ordinaire un peu d'orge et d'avoine battue, de manière à ne pas laisser diminuer leur embonpoint, qui n'est que convenable. Il emploie des bœufs au labour ; il a de forts bœufs courtes cornes *non améliorés*, qui ne lui coûtent que de 250 à 300 fr. la pièce, mais il leur préfère de beaucoup les Devon, qui, en apparence, sont bien moins forts, étant beaucoup plus petits, et il en fait venir de Norfolk qui lui coûtent 375 fr. la pièce ; il n'en met que deux à la charrue, quoique ses terres soient assez fortes.

Il marne ses terres, quoiqu'elles soient fort peu profondes et à fonds calcaire ; il m'a fait remarquer le champ d'un de ses voisins, qui n'avait jamais été marné, et dont les rutabagas avaient une maladie qui fait tourner les racines en petites bulbes et périr la plante, quoique la terre soit excellente : il me dit que le marnage ou chaulage prévenait cette maladie.

Ses ouvriers lui coûtent de 15 à 19 fr. par semaine ; ils vivent très-bien et tuent chacun un gros cochon par année ; ils travaillent fort bien et exécutent à merveille ses ordres, mais ne prévoient rien et ne sont pas capables de changer un ordre quand les circonstances l'exigent.

Quand ses vaches ont fini de nourrir leur veau, il les fait traire de manière à les tarir, trouvant que ses pâturages ne sont pas assez fertiles pour entretenir une vache laitière en bon état. Il me dit qu'il en avait qui donnaient jusqu'à vingt-sept litres et demi par jour ; il citait une vache qui donnait pendant cinq mois dix-huit livres de beurre *par mois*, comme une chose très-remarquable, ce qui ne serait pas en faveur de l'espèce.

Il sème des navets tardifs à quinze pouces, d'une raie à l'autre, afin qu'ils deviennent moins gros, et qu'ils puissent mieux supporter les rigueurs de l'hiver.

Il fume quarante hectares, chacun avec sept cent deux litres d'os broyés, et de dix-sept à vingt hectolitres de cendres de charbon de terre, qu'on a mélangées avec des vidanges; mais comme on vend maintenant beaucoup de cendres pures, il préfère semer quatorze hectolitres d'os broyés, sans employer de cendres. Les vingt à vingt-quatre hectares de rutabagas, qu'il sème, sont fumés avec du fumier, à raison de soixante-quinze milliers à l'hectare. Il fume ses blés en répandant l'engrais trois à quatre mois avant de rompre les pâturages, sur lesquels le froment est semé.

Il sème les fèves à la main, au lieu de le faire au semoir. Il loue ses terres de 100 à 125 fr. l'hectare; elles se vendent, près de la ville de Hull, jusqu'à 9,000 et 10,000 fr. l'hectare, ce pays étant couvert de jolies maisons de campagne qu'y bâtissent journellement les riches négociants.

M. Watson préfère la charrue Ransom ou Suffolk à celle du pays, qui ressemble à celle d'Écosse.

Il fait payer le saut de son beau taureau 50 fr., cela, afin d'empêcher qu'on ne le fatigue trop. Le saut d'un bel étalon, race de Cléveland, se paie 30 fr. Il ne sème que deux hectolitres vingt litres de froment par hectare, il sème en lignes les colzas, qu'on fume comme les turneps ; il les laisse épais pour les faire pâturer par ses agneaux, à partir de septembre, avant la maturité des turneps. J'ai vu aujourd'hui pour la première fois des agneaux lâchés dans un champ de turneps, dans lequel on prétend qu'ils ne mangent que les mauvaises herbes, et ne touchent pas les turneps; si l'on y mettait des bêtes adultes, il n'en serait pas de même, car elles ont appris à manger les turneps. Il ne sème pas de turneps dans les *tournailles*, ses terres étant assez fortes, et les pieds des chevaux les rendant encore plus compactes : les turneps n'y viendraient pas bien ; il préfère donc donner à cette partie du champ une jachère morte complète.

Il a eu cette année soixante-sept vaches (à lui appartenant) saillies ; elles sont extrêmement belles, il m'a dit vendre ses taureaux de pur sang, de 500 à 1,000 fr., dans leur première année ; les belles génisses obtiennent les mêmes prix un an plus tard ; les béliers Leicester, de 250 à 375 fr. Il a six cents brebis, en tout seize cents bêtes à laine Leicester.

Ses terres sont bonnes, mais dans plusieurs parties seulement de six pouces d'épaisseur sur calcaire ; cela n'empêche pas que ses récoltes ne soient superbes. Les froments lui donnent de vingt-huit à trente-trois hectolitres, les orges de trente-trois à quarante-deux hectolitres ; les avoines, jusqu'à cinquante-six hectolitres par hectare. Il fait le plus grand cas du *Sovereignoats* ou avoine de souverain.

Il vend ses jeunes bœufs âgés de quinze mois, de 150 à 275 et 300 fr., ils sont toujours retenus d'avance ; jamais il ne conduit des bêtes en foire.

Après m'avoir bien fait voir sa ferme et sa propriété, qui est charmante, il me fit parcourir les environs, qui sont délicieux, et puis nous vînmes dîner : il avait invité plusieurs de ses voisins, et nous eûmes un fort bon repas.

Le lendemain matin, je partis avec le premier convoi du chemin de fer, pour York ; pendant que je l'attendais, je vis charger sur un wagon une quarantaine de beaux moutons Leicester ; on me dit que c'étaient ceux qui, quelques jours auparavant, avaient obtenu le premier prix au concours de Béverley ; leur âge était de seize à dix-sept mois ; ils étaient vendus à un boucher de Leeds, 75 fr. la pièce, et avaient à faire environ soixante milles sur le chemin de fer, à raison de 1 fr. 25 c. Je me trouvai fort heureusement à côté du capitaine Shaw, qui cultive fort bien une belle propriété dans le voisinage, et dont M. Watson m'avait beaucoup parlé. Nous allâmes ensemble jusqu'à Northallerton, où nous arrivâmes vers quatre heures : j'eus donc le temps de prendre, sur la culture de ce pays, bien des informations qui me confirmèrent dans ce qui m'avait été dit par M. Watson. Le capitaine, fort joli homme, parlant bien français, fut extrêmement complaisant pour moi, il me dit qu'il avait fait assainir toutes ses fermes par un homme très-habile dans cette partie, qu'il avait payé toute

la dépense et que ses fermiers lui en payaient l'intérêt à raison de 4 pour %. Il a acheté, il y a deux
ans, une machine à battre ambulante, de la force
de quatre chevaux, qui lui coûte 40 livres sterl. ou
1,000 fr. ; elle marche avec seize hommes et quatre
femmes, qui approchent les gerbes de la meule, soignent la machine, vannent le grain, le mettent au
grenier, lient la paille et la remettent en meules ; elle
bat de quatre-vingts à cent hectolitres de froment par
jour ; le prix du battage, quand on bat cent hectolitres, ressort à 87 c. l'hectolitre, en comptant
7 fr. 50 c. pour intérêt du prix capital de la machine
par jour de travail. La machine à battre à bras portait le prix du battage juste au double, c'est une
énorme différence.

Le capitaine m'a fortement engagé à examiner
attentivement la machine à faire des tuiles, inventée
par M. Pearl, près de Huntingdon ; il m'a dit qu'elle
pouvait établir les tuiles à meilleur marché que celle
du marquis de Tweddal, qui coûte plus de 100 livres
sterlings, tandis que celle-ci n'en coûte que 12 ou
300 fr. Un propriétaire de Northumberland m'a dit
avoir monté cette année une tuilerie ordinaire pour
faire des tuiles à desséchement, qu'elle ne lui coûte
que 3,750 fr., et que son ouvrier à qui il fournissait
un cheval pour pétrir et approcher la terre, auquel
il fournit aussi le charbon, lui fait payer le millier
de tuiles bombées 18 fr. 75 c., et que tout compté,
elles lui revenaient à 25 fr.

En arrivant à Northallerton, M. Mauleverer vint me prendre, nous fûmes dîner avec les membres les plus influents de la Société d'agriculture du comté d'York, qui se trouvèrent au nombre d'environ cent cinquante; lord Spencer présidait, il fit plusieurs excellents discours sur l'agriculture, et plusieurs autres personnes, entre autres, MM. Mauleverer, parlèrent de manière à intéresser beaucoup l'auditoire. Lord Spencer eut la bonté de proposer ma santé, comme celle d'un propriétaire français très-zélé pour les améliorations agricoles.

Le lendemain, à dix heures, nous nous rendîmes dans la cour de l'exposition, où se trouvaient une grande quantité de très-beaux courtes cornes, de forts chevaux, tant étalons, que juments et poulains de race de Cléveland ou carrossiers, de chevaux de chasse et de selle, de poneys et enfin de chevaux de roulage. Dans ce pays ce sont les carrossiers qui font les travaux de culture, quoiqu'on n'en mette jamais plus de deux à la charrue, et cela, dans des terres très-fortes. Il y avait beaucoup d'excellents cochons, mais les moutons, tous Leicester, avaient peu de mérite. Les instruments d'agriculture étaient aussi fort peu intéressants, surtout pour quelqu'un arrivant de Cambridge et d'Ipswich.

Un bœuf courtes cornes qu'on estimait devoir peser (viande nette) deux mille livres, était étonnant de graisse et réellement magnifique; un autre, qui était le produit d'un taureau courtes cornes et d'une

vache du comté d'Ayr en Écosse, était aussi un fort
bel et très-gros animal. Il y avait un cochon qu'on
assurait devoir peser six cent trente livres; on m'a
aussi dit qu'on en avait tué un de la grande race du
pays sans aucun mélange avec la race chinoise, qui
avait pesé huit cent quarante livres.

Le dîner fut de dix-sept cents couverts, les toasts,
par trois fois trois, à la manière anglaise, prennent
tout le temps et sont fort ennuyeux, la plupart des
orateurs fort longs, et cela, pour ne faire que des
compliments fort mal tournés. J'étais placé, grâce
aux soins du président et d'un de ses aides, le capitaine Shaw, à la table d'honneur et à côté du seul
lord qui, outre le président, fût présent, c'était le
duc de Leeds, ancien militaire et déterminé chasseur.

M. Mauleverer m'emmena, après le dîner, chez lui,
à environ trois lieues de Northallerton, dans un fort
beau pays. Sa terre nommée *Arncliff Hall*, est fort
belle et composée de douze cents hectares, dont deux
cents en très-beaux bois aménagés à cent ans, et
qui couvrent une forte et rapide côte, d'où l'on jouit
d'une vue admirable sur un pays très-beau et sur la
mer. Ses fermes sont très-bien bâties et entourées de
beaux herbages; il s'y trouve aussi de fort belles ruines de l'abbaye de Mount-Grâce.

Les terres seraient fort bonnes si elles étaient assainies et bien cultivées; elles sont très-fortes et les
fermiers pauvres, cependant ils élèvent de beaux
chevaux; c'est l'industrie du pays.

M. Mauleverer a fait venir une famille écossaise qu'il a mise dans sa plus mauvaise ferme, et c'est là que se trouvent les meilleures récoltes. M. Ménard, un des voisins de M. Mauleverer, cultive fort bien et passe pour un éleveur fort distingué de bêtes à courtes cornes et de chevaux de luxe.

Je passai quelques jours avec M. Mauleverer, qui fut comme un frère pour moi : il me fit parcourir son voisinage et me présenta dans plusieurs maisons, où nous fûmes parfaitement accueillis. Je pris enfin congé de lui, me réjouissant bien de le retrouver chez ses parents en Écosse, et puis cet hiver, à Paris.

Je me rendis chez M. Bates, propriétaire à Kirkléavington, l'éleveur de courtes cornes, qui, ayant exposé, à la réunion de la Société royale d'agriculture, à Oxford, cinq de ses admirables bêtes, obtint cinq premiers prix. Cette année, il en a eu aussi plusieurs à Cambridge et à Northallerton. Je n'avais pas de lettre pour lui : cela ne l'empêcha pas de me recevoir on ne peut mieux, et de me forcer à passer avec lui deux jours, qui furent assurément bien employés, car c'est le premier éleveur de toute l'Angleterre. Il a deux taureaux qui ne peuvent être égalés par aucun de ceux que j'ai vus, ni pour les formes et la beauté, ni pour le toucher ou maniement de toutes les parties du corps, qui annoncent l'aptitude à un engraissement facile ; il a ensuite un jeune taureau d'un an, qui a eu le premier prix de son âge à Cambridge, il en demande 300 livres sterlings ou 7,500 fr. ; viennent ensuite deux frères jumeaux du même père et de la même mère que son plus beau taureau, qu'il nomme le duc de Northumberland; ils sont âgés de dix mois, et il en demande 5,000 fr. la pièce; enfin, de deux autres jeunes taureaux, l'un vient d'être vendu 2,500 fr. et l'autre était laissé pour le même prix.

Il a des vaches et génisses admirables, mais qui pour aucun prix ne seraient à vendre. Il a une soixantaine de vaches, à peu près autant de bêtes entre deux et trois ans, et ainsi de suite pour chaque âge. Il a cent quarante brebis, cent soixante-dix agneaux, cent soixante antenois. Le nombre des bestiaux qu'il peut entretenir va en augmentant chaque année avec l'accroissement de fertilité que prend sa terre, qu'il ne cultive que depuis dix ans; elle est composée de quatre cents hectares de terres très-argileuses et humides, qui, lorsqu'il est arrivé, étaient, comme sont encore celles des environs, dans un état pitoyable : Les pâturages étaient couverts de joncs, les terres pleines de mauvaises herbes et hors d'état de donner des récoltes satisfaisantes. Il s'est mis à les assainir au moyen de la charrue taupe, qui marche sous terre à la profondeur de dix-huit à vingt pouces, lorsqu'elle est molle, et y laisse un conduit souterrain, fortement comprimé par le passage de son soc cylindrique; ce conduit dure pendant fort long-temps, lorsque le sous sol est très-fort ou argileux.

Ses premiers conduits, qui datent de douze ans sont encore en parfait état. Dans un sol léger, les conduits se combleraient de suite. Il fait avancer cette charrue, qui exigerait la force d'environ vingt chevaux, au moyen d'un cabestan monté sur une petite charrette faite exprès ; deux chevaux font tourner le cabestan fixé par deux petites ancres. Aux deux côtés de la ligne sur laquelle on veut opérer, la chaine de traction, qui, pour bien faire, doit être un câble de fer de vaisseau, fait, en s'enroulant sur le cabestan, avancer la charrue jusqu'à lui ; alors, on met un cheval devant le cabestan, on relève les deux ancres, on les pose dessus et on avance le cabestan, en déroulant la chaine de toute sa longueur ; là, on fixe de nouveau les deux ancres et puis ou fait tourner le cabestan. Un homme dirige la charrue, et un garçon, les chevaux ; on en fait ainsi quatre-vingts ares par jour, les rigoles à la distance de vingt-quatre ou trente pieds l'une de l'autre, et cela coûte 27 fr. 50 c., en y comprenant les fossés ouverts ou couverts, dans lesquels se déchargent ces rigoles. Depuis que ses pâturages ont été ainsi assainis, on n'y voit plus de joncs, qui couvrent les pâturages voisins. Aussi, plusieurs des fermiers voisins lui ont-ils emprunté sa charrue taupe, et je l'ai trouvée dans un pâturage assez éloigné de chez lui, faisant partie d'une ferme voisine, où elle venait d'être employée. Il a encore assaini toutes ses terres labourables, qui, étant aussi très-fortes, en ont de même éprouvé la plus grande amélioration ; aussi, a-t-il de belles récoltes, tandis que tous ses voisins en ont de fort mauvaises. Pour assainir ses terres, il attend le moment où il doit labourer la sole qui est en herbe, cela, afin d'avoir plus de facilité à faire l'opération, qui doit toujours avoir lieu lorsque le sol est humide ; il assure que cela réussirait à merveille dans des terres dont la superficie serait légère, pourvu que le sous-sol fût argileux et compacte, et que le fond de terre légère n'eût pas plus d'un pied ou quinze pouces d'épaisseur.

M. Bates demeure à deux milles d'une petite ville, et à quatre d'une autre qui est un port de mer ; il tire de là une forte quantité d'engrais. Cela ne l'empêche pas de soigner ses fumiers, de rassembler toutes ses eaux de fumiers et urines d'étable, dans un réservoir à pompe, de recueillir les terreaux et bonnes terres et même de l'argile pure, pour les mêler avec force chaux, afin d'améliorer ses terres et herbages. Il fauche ses herbages cinq années sur six, et il les fait pâturer la sixième année ; il leur donne tous les trois ans quarante mille kilog. de fumier décomposé, et autant, tous les six ans, aux herbages pâturés pendant cinq ans et fauchés le sixième ; il fume toujours lorsque le foin vient d'être enlevé, pour peu que le temps soit humide ; il emploie, pour faire entrer le fumier dans le gazon, une lourde herse fortement garnie d'épines. Il arrose ses pâturages, les moins fertiles, qui sont les plus rapprochés de la ferme, avec les eaux de fumier. Pour pouvoir assainir ses terres labourables avec la charrue taupe, il les met d'abord pour deux ans en herbages, lesquels sont semés avec vingt livres de cow gras ou trèfle rouge sauvage, dix livres de trèfle blanc, vingt-cinq litres de ray gras d'Italie, un peu de dactyle pelotonné, un peu de plantin; ou bien, avec trente-cinq livres de trèfle ordinaire, et vingt-cinq litres de ray gras d'Italie; une expérience faite récemment sur une grande échelle, l'a amené à renoncer au ray gras anglais. Il a semé cinq champs différents, la moitié de chacun avec les graines de pré ordinaires, mélangées de ray gras anglais, et l'autre moitié avec les mêmes graines mélangées de ray gras d'Italie. Dans un champ, on a mis des bêtes à cornes, dans l'autre des chevaux, dans un autre des moutons; partout la partie italienne a été pâturée de manière à ne pas laisser une herbe, tandis que la contre-partie avait un demi-pied de haut, et cela, de toutes espèces d'herbes.

Il m'a fait voir un herbage datant de quarante ans, et il assure qu'il est loin d'être aussi bon que le voisin, que personne ne se rappelle avoir vu en culture. Il a employé les os avec un grand succès, quoique toutes ses terres soient très-fortes; il a encore une machine à broyer les os, qui marchait à quatre chevaux: mais les os étant devenus chers et les terres fortes en demandant beaucoup plus que les terres légères, il n'en emploie plus. Il payait, il y a quelques années, les mille kilog. d'os entiers, de 50 à 75 fr.; mais maintenant ils valent 150 fr. Il a employé dans une autre ferme en terres légères jusqu'à deux mille kilog. d'os broyés sur quarante ares, et quelquefois recom-

mencé cette fumure au bout de deux ans, afin d'a-
mener les terres en état d'être mises en herbages
permanents ; alors il semait des turneps avec cinq
milliers de kilog. d'os à l'hectare, les faisait consommer sur place par les moutons, après les turneps
venait l'orge, puis, sur une fumure de cinq mille
kilog., encore des turneps consommés sur place, et
après eux, de nouveau de l'orge, dans lequel on semait
l'herbage, qui recevait, au bout de deux ans, un compost de bonne terre mêlée avec un quart de chaux, à
raison de quarante-deux mètres et demi cubes par hectare ; enfin, deux ou trois ans plus tard, une bonne
fumure. Maintenant, il achète des boues de ville à
une lieue de chez lui, il les paie 8 fr. 75 c. les mille
kilog., et en achète chaque année quinze cents
milliers de kilog. Il emploie tous les ans deux mille
cinq cents hectolitres de chaux, qui lui coûtent
3,750 f., pris au port de Stockton, à environ une lieue
et demie de chez lui ; tout ce qu'il peut en mêler avec
de la terre, est mis sur ses herbages à raison de quarante mètres cubes par hectare ; le reste est mis sur les
terres en labour. Il emploie une assez grande quantité
d'ouvriers, toute l'année ; il les loge gratis, amène
leur charbon, leur donne cinq ares de jardin, et leur
fournit des pommes de terre à raison de 90 c. les
trente-cinq litres, leur laisse prendre des navets autant qu'ils en veulent pour leur nourriture ; il paie à
chaque homme 2 fr. pour tous les jours de l'année,
excepté les dimanches et trois jours fériés. Il paie les

femmes 10 c. pour chaque heure de travail ; dans la moisson, elles coupent les fèves et le grain, à raison de 1 fr. 80 c. par jour de huit heures, et 20 c. de plus pour chaque heure en sus. On fauche les avoines quand elles ne sont pas trop grandes, mais c'est toujours à la journée. Il fournit toujours le blé aux ouvriers à raison de 8 fr. 75 c. les trente-cinq litres, qu'il vaille moins ou plus, même lorsqu'il monte, comme c'est arrivé une fois, à 23 fr. 75 c. les trente-cinq litres ; dans ce moment où il est cher, il vaut 11 fr. 25 c., il leur fournit aussi quatre litres et demi de lait par jour pour 40 c. Une famille composée d'un homme, de sa femme, d'une grande fille et d'un enfant au-dessus de dix ans, gagne 1,300 fr. par an ; il leur faut pour 4 fr. 35 c. de froment par semaine, ou dix-huit litres ; c'est à peu près le sixième de leur gain ; il les paie une fois par mois, afin qu'ayant de l'argent, ils puissent aller au marché acheter leurs provisions.

M. Bates rentre tout son bétail à l'étable en hiver, et y tient ses veaux toute l'année, à cause de la grande chaleur pendant le jour, et des nuits froides ; il trouve que cela vaut mieux ainsi pour les bestiaux et pour les pâturages, qui seraient défoncés par les pieds des animaux, ce qui les détruit. Il prétend qu'un acre d'herbage fauché en vert pour les bestiaux, en nourrit trois fois autant que s'il avait été pâturé.

Les veaux sont sevrés ordinairement à quatre mois ; si l'on n'a pas assez de lait pour les avoir en très-bon état, on y ajoute de l'eau dans laquelle on fait bouillir de la graine de lin ; en hiver, il leur donne une livre de tourteau de lin ; il ne donne à ses taureaux, qui ne sortent jamais, que de l'herbe ou du foin et quelques navets ; car, sans cette précaution, ils deviendraient si gras qu'ils ne pourraient plus faire la monte : ils sont malgré cela fort gras.

La fumure d'un hectare d'herbage lui coûte 375 fr., et lui rapporte, pendant chacune des trois années qu'elle dure, au moins deux mille cinq cents kilog. de plus qu'il n'eût donné sans la fumure ; en le faisant consommer par une aussi belle espèce de bétail que le sien, cela lui rapporte bien chaque année de 177 fr. 50 c. à 250 fr., sans compter l'amélioration des herbages. Ses terres sont si fortes qu'il ne peut cultiver qu'une petite quantité de turneps : aussi, n'en donne-t-il qu'aux vaches prêtes à véler et à celles qui nourrissent leurs veaux, et aux brebis dans la même position, ainsi qu'à quelques bêtes d'engrais. Ses vaches n'ont en hiver que du foin, lorsqu'il en a assez, et dans le cas contraire, il le remplace par de la paille hâchée arrosée d'eau, dans laquelle on a fait dissoudre du tourteau ou bouillir de la graine de lin, selon que l'un ou l'autre est à meilleur marché. Tout son bétail est extrêmement doux et même caressant : jamais ces beaux animaux ne s'éloignent lorsqu'on les approche, et il y en a qui viennent à vous pour être caressés.

M. Bates construisait quatre étables accompagnées d'autant de petites cours pour loger ses taureaux. Il a visité Holkham quelques jours avant moi, et y a commandé une machine à faner, tant il l'a trouvée perfectionnée.

Il m'a dit qu'une de ses vaches lui a donné pendant quatre mois 50 fr. par semaine en laitage, ou trente-un litres trois quarts par jour, ce qui donnait quarante-deux onces de beurre. M. Bates prétend qu'il est le seul éleveur de courtes cornes, qui ait la pure race sans qu'elle ait été détériorée par des accouplements mal faits ; il assure à l'appui de ce qu'il avance, que tous les éleveurs qui ont eu une grande réputation, l'ont perdue ou la voient se diminuer journellement; leurs bêtes deviennent délicates et ne peuvent plus se reproduire, ou, si elles se reproduisent, elles amènent des animaux qui ont de nouveaux défauts, au lieu d'être plus parfaits. Le croisement entre courtes cornes et bêtes des montagnes de l'ouest de l'Écosse Wertighland, lui a parfaitement réussi, il y a une trentaine d'années. Il le trouve très-convenable pour des terres médiocres, bien cultivées, tandis que les bêtes des montagnes de l'ouest de l'Écosse, pures, conviennent à un pays de bruyères ou de mauvaises montagnes.

Dans les quatre cents hectares que M. Bates cultive, il s'en trouve environ cent soixante en herbages permanents, chemins, jardins, emplacements de maisons, fossés et clôtures ; le reste, à peu près deux cent quarante hectares, est partagé en douze soles de vingt hectares chacune. Son assolement est le suivant : première année, *jachère;* deuxième, *froment;* troisième, *trèfle* et *ray gras;* quatrième, *jachère;* cinquième, *froment;* sixième, *fèves;* sep-tième, *jachère;* huitième, *froment;* neuvième et dixième, *pâturage;* onzième, *avoine;* douzième, *fèves.* Il fait son possible pour avoir vingt hectares de tur-neps, mais il lui arrive rarement d'y parvenir; il n'en a le plus souvent que dix à douze, et quelquefois pas du tout; il préfère les semer dans la jachère qui suit le trèfle; mais s'il n'y réussit pas, à cause de la qualité argileuse et compacte de sa terre qui se durcit ou de-meure trop mouillée, alors il tâche de les mettre dans une des autres soles en jachère. Les fèves sont fumées avec trente-sept milliers de kilog. de fumier; on les sème en lignes, et on les cultive à la houe à cheval et à la main. On cherche à mettre, la quatrième an-née, soixante-trois hectolitres de chaux par hectare. On met quarante-cinq milliers de kilog. de fumier pour les turneps, et un quart en sus pour les ruta-bagas.

Lorsque je voulus prendre congé de M. Bates, il voulut absolument me reconduire jusqu'à Stockton, où il m'a donné plusieurs lettres de recommandation.

Entre Yarm et Newcastle, la culture n'a rien de bien remarquable, mais toujours de beaux bestiaux; un très-beau paysage, surtout à Durham, charmante ville, entourée par une belle rivière; on y trouve une magnifique cathédrale gothique, et près d'elle un château-fort, résidence de son évêque.

Nous vîmes une quantité extraordinaire de chemins de fer, soit pour la communication entre les villes, soit pour l'exploitation des nombreuses houillères ; tout le ciel est noirci, et l'air empesté par ces innombrables cheminées de machines à vapeur.

J'arrivai assez tard à Newcastle, d'où je repartis de bonne heure pour me rendre, par le chemin de fer, chez M. Grey, à Dilston ; j'avais une lettre pour lui, et je fus on ne peut mieux reçu par lui et sa famille qui est fort aimable. M. Grey est le gérant des biens qui ont été séquestrés sur la famille de Derwentwater, dont le dernier propriétaire, qui avait épousé une fille bâtarde de Charles II, et qui avait pris part à la dernière tentative faite par les Stuarts, pour remonter sur le trône d'Angleterre, fut décapité ; cette belle propriété, qui rapporte un million de francs, a été donnée à l'hospice des marins invalides de Greenwich.

Les fermes sont fort bien bâties, et ont pour la plupart des machines à battre, dont le moteur est l'eau ou la vapeur ; on profite pour cela des petits ruisseaux qui descendent des côtes voisines, ou bien l'on établit sur la hauteur la plus rapprochée un réservoir qu'une source ou même l'eau de pluie remplit. Une de celles que j'ai vues a un réservoir à une petite distance de la ferme, et peut donner une chute d'environ vingt-cinq pieds ; il est peu considérable, circulaire et peut avoir cent cinquante pieds de diamètre sur six ou sept pieds de profondeur. La roue à eau est moitié en fonte et moitié en sapin ; elle a vingt pieds de diamètre : la machine bat quatorze hectolitres par heure, et n'emploie que six personnes, sans compter celles qui amènent les gerbes sur des brouettes grandes et fort légères, suspendues sur l'essieu, qui tourne dans deux ressorts fixés au bout des brancards de la brouette, cela, afin de moins secouer les gerbes ; on assure que ce transport des gerbes se fait par des hommes et des brouettes, à meilleur marché que par des chevaux et des char-rettes ; d'autres hommes sont occupés à mettre la paille en meule.

M. Grey donne les machines à battre en cheptel, à ses fermiers. Celle dont je viens de parler a coûté 4,500 fr., et le réservoir en a coûté 3,000; elle est d'une grande solidité. L'assolement était de quatre ans ; M. Grey fait adopter à ses fermiers celui de cinq ans, qui est général dans le Nord et qui s'établit en laissant l'herbage deux années au lieu d'une; les récoltes sont fort belles, les navets surtout. On a ici la charrue écossaise toute en fer.

M. Grey a essayé, avec le plus grand succès, le nitrate de soude sur un herbage; il espère avoir le même résultat sur les grains, mais ils ne sont pas encore coupés. Ses herbages sont en terre légère et fertile; il a mis cent vingt-cinq kilog. de nitrate à l'hectare : cela a produit neuf mille huit cents kilog. de foin. Un hectare plâtré et un autre sur lequel on n'avait rien mis n'en donnèrent que cinq mille sept cent soixante-quatre kilog.; la différence en plus pour l'engrais est de quatre mille kilog. de foin, qui ont coûté 68 fr. 75 c. On emploie ici habituellement tous les sept ans vingt mille kilog. de chaux par hectare, elle ne coûte que 8 fr. 75 c. les mille kilog., et vient par les chemins de fer, car les fours à chaux, qui sont très-considérables, sont construits sur la mine de charbon de terre, dans la carrière de pierre calcaire, et sur le bord du chemin de fer, qui aboutit à deux ports de mer, l'un sur la mer du Nord et l'autre sur celle d'Irlande; c'est M. Grey qui les a fait construire : aussi, cette chaux est-elle embarquée et conduite jusqu'à l'extrémité nord de l'Écosse, cela, pour amender les terres.

Pour établir un herbage permanent, M. Grey fait d'abord une jachère complète et effective, puis un froment fumé; mais il trouve encore mieux de remplacer le froment par du colza consommé sur place par les moutons avant l'hiver ; de cette manière il a des herbages semés depuis quelques années, qui ont l'air d'être fort anciens, tant ils sont garnis. Il a une espèce de ray gras qu'il préfère à celui de *Paceys*, qu'il accuse de n'avoir pas assez de feuilles et trop de tiges.

M. Grey a cultivé jusqu'à mille hectares à la fois, et cela, fort long-temps de suite ; en devenant le gérant de Greenwich, il a mis son fils à sa place. Ses fermes sont sur les frontières de l'Angleterre, près de l'Écosse, dans la partie la mieux cultivée de toute

l'Angleterre ; il est excellent cultivateur et est souvent consulté par des comités de la Chambre des
communes, sur des intérêts de l'agriculture.

Il avait dans sa culture un troupeau de mille brebis Leicester et leur suite, et des courtes cornes,
dont il a vendu des vaches jusqu'à 2,500 fr. Il a,
près de la ville de Berwick, une propriété de trois
cent vingt hectares d'excellentes terres. Il s'est
construit une charmante maison à côté de l'ancien
château des comtes de Derwentwater, qui forme
maintenant une belle ruine sur les bords d'un préci-
pice, au fond duquel coule une rivière. Les fermes
de la vallée, qui sont en très-bonnes terres, se louent
156 fr. l'hectare, et les terres près des villages, jusqu'à 250 fr.

J'ai quitté cette charmante famille après un séjour
de vingt-quatre heures : on ne voulait pas me laisser
aller ; M. Grey eut l'extrême bonté d'écrire huit lettres de recommandations pour moi ; on ne peut être
meilleur que lui.

Je fus à Carlisle par le chemin de fer, en suivant
une délicieuse vallée ; je vis plusieurs charmantes habitations, entre autres deux châteaux dans le style
gothique, dont un n'est pas encore achevé, et coûtera
plus d'un million de fr., des établissements de bains
assez beaux et dans une jolie position, des ruines remarquables, entre autres des tours romaines qui faisaient partie des fortifications que les Romains avaient
élevées contre les Pictes.

La ville de Carlisle elle-même est peu de chose, mais elle a un palais de justice et des prisons d'une architecture remarquable, et qu'on dit avoir coûté 2,500,000 fr. Je parcourus la ville, dînai, et puis retournai à Newcastle, voyage de trois heures que je recommençai avec plaisir, tant le pays est beau. Le lendemain, M. Mitcalf, que j'avais prévenu d'avance du jour de mon arrivée, vint me prendre, me fit voir la ville, dont la partie neuve est très-belle ; puis m'emmena chez lui, à environ six milles, dans une fort jolie voiture attelée de très-beaux chevaux ; nous fûmes fort bien reçus par les dames ; le lendemain, nous fûmes dans une ville et port de mer, nommée Tinemouth, à l'embouchure de la rivière, qui fait de Newcastle une ville si commerçante. A partir de là jusqu'à Newcastle, dans une course d'environ neuf milles, il y a une population de plus de cent quarante mille habitants, qui vit par le commerce et les mines de charbon, les plus étendues et les plus productives qu'on connaisse ; la population agricole est en dehors de ce nombre. M. Mitcalf est armateur et fils d'armateur ; il est propriétaire de quatre grands bâtiments de commerce, qu'il loue en général au gouvernement, ce qui lui rapporte 10 pour $^{o}/_{o}$ de son capital, sans aucun risque ; chacun de ses bâtiments lui revient, prêt à mettre à la voile, à 700,000 fr. L'exportation de charbon des environs de Newcastle a été, l'année dernière, de cinq millions six cent mille tonnes de mille kilog., qui se vendent en moyenne

10 fr. rendues à bord ; cette exportation s'est augmentée depuis trois ans, d'environ un million deux cent mille tonnes ; les étrangers en exportent depuis quelques années six cent mille tonnes. Il y a environ vingt-cinq mille ouvriers employés dans ou pour les mines ; M. Taylor , qui a eu la bonté de me montrer une de ses mines , en emploie six cents sous terre et quatre cents au-dessus : c'est un fort jeune homme (il n'a que vingt-un ans) qui conduit les mines de son père depuis deux ans, après avoir travaillé cinq années comme apprenti ingénieur des mines.

Il arrive de Nantes , où il est allé pour le compte d'une société, afin d'examiner les houillères, près de Wort ; il m'a dit qu'elles étaient fort mal conduites. Je passai près de quatre heures à parcourir la mine, où il me fit descendre ; la veine qui est en exploitation , car il y en a trois, a de cinq à six pieds d'épaisseur ; on fait à peu près un tiers de menu charbon , qui est jeté et employé à former des levées pour les chemins de fer que chaque mine construit pour arriver à la rivière ; celle que j'ai parcourue a cinq cent soixante hectares d'étendue. Il y a trois veines, la première est à cent quatre mètres de profondeur, la dernière au triple. Il y a dix-huit chevaux employés dans la mine, et une quarantaine à la surface ; on les y descend vers l'âge de six ans , et ils y restent à peu près autant d'années. Les grandes lignes sont parcourues par des chemins de fer ; un cheval tire quatre wagons, contenant chacun deux paniers, pesant chacun six cents livres ; les petites lignes sont parcourues par de très-petits chemins de fer sur lesquels un homme et un garçon de quatorze ans poussent sur une brouette à deux roues un de ces paniers, jusqu'à une grue placée sur le grand chemin de fer, où on les charge sur les wagons ; il y a de très-petits garçons, qui passent douze heures dans l'obscurité la plus complète, pour ouvrir et fermer de certaines portes qu'il faut tenir fermées à cause des courants d'air ; ils gagnent 80 c. Les enfants travaillant à la journée, sont obligés de rester douze heures dans la mine ; les hommes étant à leur tâche, n'en emploient généralement que huit. Dans les trois ou quatre dernières années, le feu grison a tué cinq personnes et blessé dangereusement plusieurs autres ; M. Taylor fils, en allant au secours de ses hommes, a manqué y rester, mais il a eu le bonheur d'en sauver un. Un autre fois, un quartier de charbon qui s'est détaché dans cette mine, après l'explosion de la poudre, a tué deux des ouvriers. Dans d'autres mines du voisinage, une explosion a tué cent cinquante individus, et une autre, cinquante : ces malheurs sont assez fréquents.

Ce qui m'a paru extraordinaire, c'est de voir les mineurs, travaillant dans le charbon, la pipe à la bouche, collant leur chandelle contre les parois, sans que le feu se communique au charbon. Depuis vingt-deux ans que l'exploitation de cette mine est commencée, la moitié de la première couche a été en-

levée ; il se trouve presque partout un plancher solide de roches, schisteuses au-dessus : ce qui fait
qu'on n'a que peu d'endroits à étayer avec des morceaux de pins d'Écosse, qui ne durent souvent que
six mois. Quelques-uns des grands chemins ont des
parties complètement voûtées en briques : ce qui coûte
50 fr. les quatre-vingt-cinq centimètres courants.
On fabrique la brique dans l'établissement ; il y a un
atelier de charpentiers, de menuisiers, une scierie
sans fin, à la vapeur, une forge où travaillent huit
forgerons, enfin, un atelier où l'on monte les machines à vapeur, avec des pièces de fonte achetées
ailleurs.

Les chevaux se trouvent bien de leur séjour sous
terre ; ils ont le poil luisant, court et fin ; ils sont en
très-bon état ; on se trouve fort bien d'ajouter à leur
nourriture, qui est du foin et 105 litres d'avoine par
semaine, des rutabagas, en hiver, et des vesces ou
du trèfle vert, en été. Chaque mine a son chemin de
fer ; les wagons marchent à l'aide d'une machine à vapeur fixe, et d'un immense câble ; celui de la mine
que j'ai visitée, avait quatorze mille cinq cents mètres
de long, et coûte 2,650 fr. : ces câbles ne durent
ordinairement que neuf mois. Un hectare de terre
contient, dans la première couche du charbon, pour
62,000 fr., et est exploité en sept à huit mois. En
sortant de la mine, quoique j'eusse un costume complet de mineur, j'eus beaucoup de peine à redevenir
propre.

M. Taylor m'accompagna chez M. Mitcalf, où nous déjeunâmes, et puis on me reconduisit à Newcastle; de là je fus coucher à Alnwick, petite ville près de laquelle se trouve le château du même nom, résidence d'été des ducs de Northumberland, de la famille des Percys. Il se trouve dans une vallée naturellement charmante, mais qui a été singulièrement embellie par des jardins à l'anglaise fort considérables, de beaux ponts, des ruines naturelles et factices, fort belles et faisant points de vue, des colonnes placées sur des hauteurs : tout cela, avec de beaux bois et des arbres séculaires, donne à ce pays un aspect enchanteur.

Les terres sont très-bien cultivées; elles se louent 125 fr. l'hectare.

Je suis allé, ce jour là, au château de Hanwick, qui est sur le bord de la mer, à six milles d'Alnwick; j'avais une lettre pour le régisseur de lord Grey, l'ancien ministre. Il m'a fait voir sa culture, qui est considérable, en fort bonnes terres et très-bien conduite. Cette propriété est remarquable par ses superbes bois sur les bords de la mer. Les haies y sont, on ne peut plus belles, étroites en haut, très-larges en bas, et touchant terre ; elles étaient encore fort belles, même sous les énormes arbres qui semblaient devoir les étouffer de leur ombre.

L'habitation est belle et fort bien tenue. Je ne croyais pas lord Grey chez lui ; il eut la bonté de me recevoir fort poliment, et me dit qu'il me priait de l'excuser s'il ne m'engageait pas à rester chez lui dans ce moment, sa famille étant dans la plus grande tristesse par la perte de son gendre lord Durham ; mais qu'il espérait, qu'à mon retour d'Écosse, je lui donnerais quelque temps. On venait de placer dans le vestibule du château la statue de lord Grey, en beau marbre blanc et très-ressemblante : c'est un don de la famille à lady Grey; dans la salle à manger, on voit un immense tableau qui représente le grand dîner donné à l'occasion de la réforme parlementaire, qui a été en grande partie l'ouvrage de cet ancien ministre qui présidait le repas ; ce tableau a le mérite de donner les portraits ressemblants des personnes qui s'y trouvaient ; j'ai reconnu lord Spencer, lord Leicester et lord Western. Les lauriers de Portugal, qui ornent les jardins sont magnifiques : il y en a un qui forme une boule, d'un diamètre de vingt-cinq pieds, au moins, et dont les branches touchent terre.

En quittant Alnwick, on monte beaucoup et on se trouve dans de fort mauvaises terres ; le haut des côtes est complètement en bruyères, et la culture n'est rien moins que soignée : mais en avançant, le pays devient meilleur et la culture s'améliore de plus en plus.

J'arrivai à Newton près de Chillingham-Castle, chez M. Jobsohn, pour lequel j'avais une lettre : il était dehors, mais devait bientôt rentrer ; Madame me reçut fort bien ; elle me dit que son mari était souvent visité par des étrangers qui s'intéressent à la culture, mais qu'ils n'avaient pas encore vu un français; M. Jobsohn arriva, fut assez froid en commençant; nous mangeâmes un morceau, puis nous montâmes à cheval et vîmes son excellente culture. Il a des récoltes magnifiques, mais surtout des fèves et des vesces qui surpassent tout ce que j'avais vu de plus beau; il m'a montré plusieurs espèces de froments nouveaux, et un champ dont moitié a reçu du ray gras d'Italie au lieu du ray gras d'Angleterre : là aussi, toute la partie italienne est mangée rez terre, tandis que l'autre est fort longue.

Il chaule à raison de cent vingt hectolitres par hectare : cela lui coûte, y compris le transport, 177 fr. 50 c.; on voit de tous côtés des composts de chaux et de terre.

Il a assaini ses terres, mais à l'ancienne méthode, c'est-à-dire, non en rigoles parallèles, couvrant tout le champ, mais seulement dans les fonds et endroits où l'eau séjournait.

M. Jobsohn a fait des digues, hautes de cinq et six pieds, pour empêcher les débordements de sa rivière; il faut que ces chaussées aient une base triple et même quadruple de leur hauteur. Quand une digue est rompue ou endommagée, après l'avoir réparée, il la couvre de chiendent, pour l'engazonner, s'il n'a pas assez de gazon.

Il a un taureau de M. Bates, qui est de toute beauté.

Il donne à ses domestiques mariés une maison, un

petit jardin, huit ares de terrain labouré et fumé pour les pommes de terre, douze hectolitres et demi d'avoine, huit hectolitres quarante litres d'orge, trois hectolitres et demi de pois et fèves, un hectolitre cinq litres de froment, une vache et le pâturage, mille kilogrammes de foin et la paille nécessaire, ou bien des turneps en place de foin, enfin, 100 fr. d'argent.

Chaque famille est obligée de fournir une ouvrière pendant tout le temps des travaux, sinon elle est obligée de prendre une servante, que M. Jobsohn paie 1 fr. et, pendant la moisson, 1 fr. 25 c. par jour.

M. Jobsohn a un très-beau troupeau Leicester ; j'ai vu chez lui une brebis de neuf ans, qui, n'ayant pas eu d'agneau cette année, est devenue d'une graisse extraordinaire, dans un pâturage de choix, mais sans grain ni tourteau ; elle n'est pas grande, et, malgré cela, il assure qu'elle pèse cent livres, viande nette. Il y en a deux autres qui ont eu des agneaux, mais qui, ayant, l'une neuf, et l'autre dix ans, sont engraissées aussi dans ce bon pâturage ; elles sont également très-remarquables. Toutes ses bêtes à laine, bien qu'elles n'aient pour toute nourriture que l'herbe des pâturages semés, sont infiniment plus grasses que celles des autres troupeaux que j'ai vus jusqu'à cette heure ; leurs formes sont très-belles, sans que leur taille soit trop élevée : mais leur défaut est d'avoir une laine assez commune : sans cela, ce troupeau me paraîtrait supérieur à ceux que j'ai vus.

M. Jobsohn a une quarantaine de béliers qu'il loue depuis 200 fr. jusqu'à 650 ; les plus vieux ont d'ordinaire de cinq à six ans, mais on en conserve quelquefois jusqu'à l'âge de douze ans, lorsqu'ils sont doués de qualités supérieures.

Les toisons des brebis sont de quatre à cinq livres, celles des béliers, de six à neuf livres ; la laine s'est vendue cette année 1 fr. 25 c. la livre.

La manière de sarcler les racines m'a paru bonne à imiter : on commence par verser avec une petite charrue faite exprès une raie entre les plantes ; on attend quelques jours avant de verser la seconde raie de chaque tour ; quelque temps après, on butte et recommence ainsi, si cela est nécessaire et si les plantes en donnent le temps ; les grains sont semés au semoir, si le temps ne s'y oppose pas.

M. Jobsohn achète tous les ans de cent quarante à cent soixante agneaux Chéviot, âgés de quatre à cinq mois, qui coûtent de dix à onze schellings (12 fr. 50 c. à 13 fr. 75 c.), pour faire consommer des pâturages en bruyères qui sont sur sa ferme ; l'année suivante, il les envoie dans les montagnes voisines, où il paie 5 fr. par bête, pour l'été ; il les ramène ensuite dans sa ferme et les engraisse aux turneps ; il les tond deux fois, la première fois, comme agneaux ; il les vend à deux ans ou vingt-huit mois, de 50 à 55 fr., pesant environ quatre-vingts livres ; à l'âge de quinze à seize mois, ses moutons Leicester sont toujours vendus gras au boucher, et ils pèsent, quoique aussi jeunes, de soixante-dix à soixante-quinze livres.

Il paie ses terres 70 fr. l'hectare, dîmes comprises ; sa ferme est de quatre cents hectares , dont le quart était couvert de bruyères qu'il a en grande partie défrichées. Il a de vingt-deux à vingt-quatre chevaux fort beaux ; mais il m'a semblé qu'on les ménageait trop , car les tombereaux n'étaient pas à moitié chargés.

Son bétail est fort beau et provient de la race des Colling : mais le maniement de ces bêtes ne peut se comparer à celui des élèves qui viennent du taureau de M. Bates. Il a eu d'un taureau courtes cornes et d'une très-petite vache des montagnes d'Écosse un bœuf qui, tué à l'âge de six ans, pesait mille cinq cent quatre-vingt-deux livres , et était un animal d'un mérite supérieur, tant par ses formes que par sa graisse.

M. Jobsohn eut la bonté de me faire voir le château et le parc de Chillingham, qui appartient à lord Fancarville : ce parc, qui est composé de près de six cents hectares, est fort connu, parce qu'il contient, depuis des siècles, un troupeau d'environ cent têtes de bêtes à cornes sauvages , qui sont de la couleur blanche de nos charollais ; ces bêtes sont plus sauvages que les daims qui existent dans le parc au nombre de cinq cents : cependant, comme elles passèrent toutes assez près de nous et en travers, je les ai très-bien vues. Le lendemain, M. Jobsohn me fit voir ce que nous n'avions pu voir la veille ; nous déjeunâmes, ensuite il fit atteler, pour me conduire chez son frère : je pris donc congé de Madame. M. Jobsohn nous fit passer par le chemin le plus difficile, afin de me procurer une très-belle vue ; après environ une heure de marche, nous arrivâmes dans la ferme de son frère, qui était absent. Elle est située près d'une ville nommée Woller ; elle est composée de deux cent vingt-quatre hectares, dont il paie 156 fr. l'hectare, dîmes et taxes comprises. Le père de ces Messieurs avait loué cette ferme, il y avait plus de soixante ans, et a travaillé, ainsi que ses fils, à l'améliorer depuis ce temps. M. Jobsohn me confia au régisseur de son frère, qui me fit voir toute la ferme : l'assolement de ces Messieurs est, pour terres fortes, première année, *jachère complète* ou *fèves* et *vesces* fumées ; deuxième, *froment* fumé sur les parties en jachère ; troisième, *trèfle rouge* et *blanc*, avec un mélange de ray gras d'Italie et stickney, qui reste deux ans ; quatrième, *avoine*. Dans les terres légères, *turneps* en place de jachère et *vesces* après l'avoine. On croit que les froments donneront de vingt-quatre à vingt-huit hectolitres à l'hectare, et les orges qui, dans les terres légères, viennent après les turneps, au lieu du froment, de trente-cinq à quarante-deux hectolitres ; les avoines donnent habituellement de trente-cinq à cinquante hectolitres.

La jachère est faite avec un soin, une perfection que je n'avais jamais vue : après avoir donné plusieurs labours et avoir mis la terre en planches de quinze pieds de largeur, on met en raies croisant les planches, comme si on allait planter ou semer ; le fumier est amené et de suite étendu et recouvert, comme pour des turneps ; quelque temps après, on herse et puis on reforme les planches comme elles l'étaient, en commençant par le milieu, de manière à bien les bomber, à cause de l'humidité du terrain qui est très-plat. On approche le fumier sur des tombereaux à un cheval, conduits par des garçons de treize à quatorze ans ; l'homme, qui les décharge, échange avec le garçon le tombereau vide contre le plein ; le cheval continue à marcher pendant que l'homme tire le fumier en très-petits tas très-rapprochés et à égales distances ; il faut qu'il soit très-prompt et adroit pour bien faire ; un homme et quatre femmes répandent pour deux charrues qui ouvrent et deux qui recouvrent les raies. cela se fait ici avec la charrue ordinaire, en la tenant un peu de côté et en ne passant qu'une fois, comme si elle était à double versoir : cela vaut mieux, car la première entre mieux en terre que celle à double versoir.

M. Jobsohn le cadet a environ quatre-vingts bêtes courtes cornes fort belles ; c'est chez lui que se trouve en ce moment le beau taureau de M. Bates, qui est un animal de la plus grande distinction, tant pour ses formes que pour son maniement qui est parfait ; sa vue me confirma encore plus dans la persuasion où j'étais que l'espèce des courtes cornes de M. Bates de Kirkleavington près Yarm en Yorkshire, est infiniment supérieure aux autres animaux de cette race, que j'ai vus jusqu'à cette heure. J'ai touché alternativement ce taureau et des bêtes appartenant à M. Jobsohn, mais qui venaient en ligne directe des courtes cornes des Colling : or, ce magnifique taureau et même sa progéniture (âgée de deux ans , qui était là) avaient un maniement bien supérieur à celui des autres bêtes de pur sang.

Il serait bien à désirer que le gouvernement français achetât un taureau de cette excellente race , pour sa ferme du haras du Pin , où se trouvent des vaches courtes cornes.

M. Jobsohn n'élève pas de bêtes à laine , mais il achète les brebis de réforme de son frère et celles d'autres fermiers du voisinage ; il les nourrit en hiver avec du foin et des turneps , leur donne le bélier de bonne heure , afin d'avoir des agneaux hâtifs, qui, en avril , lorsqu'ils ont six semaines ou deux mois , se vendent 50 fr. ; plus tard , les agneaux gras devenant plus communs , se vendent moins cher , quand même ils sont plus gros , et en ce moment , les agneaux de six mois ne se vendent plus que de 27 à 30 fr. Les agneaux mâles qui se trouvent jumeaux, et qui , pour cela , n'ont pu être engraissés et vendus de bonne heure , sont conservés jusqu'à l'âge de quinze mois , et vendus gras , pesant de soixante à soixante-quinze livres.

Les brebis sont vendues aussitôt qu'elles sont grasses , ce qui demande de deux à trois mois après le sevrage ; elles arrivent à quatre-vingts et quatre-vingt-dix livres anglaises , et ne se vendent que de

50 à 56 fr., pas beaucoup plus qu'elles n'ont coûté; leur produit est de quatre à cinq livres de laine et l'agneau, mais elles n'ont mangé que du foin, des turneps et de l'herbe ; on ne leur donne du grain que lorsque les turneps manquent.

On n'emploie pas les tourteaux dans ce pays. Ces Messieurs ont semé avec un grand succès le froment nommé *Hickling prolific*. Ils viennent de vendre plusieurs jeunes taureaux provenant de celui de M. Bates, au prix de 1,500 et 1,700 fr., cela pour la Nouvelle-Hollande. M. Jobsohn a ici six hectares de pré en grandes planches bombées, avec une rigole au milieu pour les arroser; elles ont donné cette année, sept mille cinq cents kilog. de très-bon foin. Il y a fort long-temps que M. Jobsohn l'aîné les a arrangées ainsi ; il a commencé par lever les gazons, ensuite il a formé les planches à la bêche, et puis les a recouvertes avec les gazons : cela a coûté 312 fr. l'hectare. Le reste du terrain était en culture; il l'a mis en planches, et l'a ensuite semé en herbages, et depuis arrosé.

Les meules de foin sont supérieurement faites dans ce pays; mais c'est en arrachant le foin à la main, qu'on les redresse et qu'on les pare si bien.

Au moment où je prenais congé de M. Jobsohn, qui était venu nous rejoindre dans la ferme, cet homme excellent, après m'avoir fait dîner, me remit huit lettres de recommandation pour le voisinage et pour l'Écosse ; il m'avait quitté pour les écrire.

Le lendemain matin, je fus chez M. Hogœrt of Akeld, à trois milles de Woller, route de Coldstream. C'est un jeune fermier écossais, qui a pris cette ferme depuis cinq ans et seulement pour quinze ans, ce bien étant en tutelle et ne pouvant être loué pour un temps plus long.

M. Hogœrt a employé, depuis qu'il y est, 100,000 francs en améliorations, telles que desséchements souterrains ou à ciel ouvert, digues contre la rivière, chaulage à raison de cent vingt hectolitres par hectare, épierrement des champs, où se trouvaient d'énormes pierres qui empêchaient de bons labours, puis en outre un capital de 100,000 fr. en cheptel mort et vif, et en capital circulant.

Sa ferme se compose d'abord de quatre cents hectares de pâturages à moutons sur des montagnes voisines, de quarante hectares d'herbages perpétuels et de deux cent quarante hectares de terres labourables, dont partie en pentes rapides : celles-ci sont en cinq soles. Une partie des *turneps* qui occupent la première sole, reçoit par hectare sept cent cinquante quintaux de fumier ordinaire, et l'autre partie quatorze hectolitres d'os broyés, mêlés avec des cendres. Il fait consommer les deux tiers des turneps sur place par quatre cents moutons, six cents brebis, deux cents antenoises et six cents agneaux, race Chéviot, mais qui ont un peu de sang Leicester ; étant très-bien nourris en hiver, ils ont augmenté de taille et pèsent soixante-douze livres en moyenne à quinze ou seize mois ; les brebis arrivent à quatre-vingts livres, vendues à quatre et cinq ans. La laine des brebis pèse quatre livres et demie : le prix habituel est de 1 fr. 50 c. ; cette année, 1 fr. 35 c. Les deux tiers de la sole de turneps, ou trente-deux hectares, sont mis, pour la deuxième année, en *froment ;* un tiers est semé en *orge ;* troisième et quatrième années en *herbe*, et cinquième en *avoine*.

Il a des récoltes admirables de toute espèce ; mais les turneps sont incomparables et pour leur beauté et pour leur propreté, quoiqu'en terres très-pierreuses et en fortes pentes : ils donneront, si le temps continue à être aussi favorable, cent mille kilog. à l'hectare.

Il compte rentrer dans ses avances pour améliorations dans la seconde série de cinq ans, et espère gagner au moins 100,000 fr. dans la troisième série de cinq ans qui finira son bail.

Il a de dix à quinze vaches, trente bœufs à l'engrais qu'il vend, âgés de trois ans, trente bœufs âgés d'un an à deux ans, et trente veaux dans leur première année, vingt-cinq chevaux, y compris cinq élèves. Il fait le plus grand cas du froment Hickling pour terres légères, sème deux cent soixante-trois litres de froment à l'hectare. Il a des froments très-épais, à épis assez courts.

Il fait le plus grand cas de la chaux pour améliorer les terres, et des desséchements par rigoles couvertes.

M. Hogœrt eut la bonté de me donner une lettre

pour M. Roberton, son ami et fermier des plus capables en Écosse.

Trois milles plus loin, je trouvai M. Grey, le fils de celui qui avait été si bon pour moi près de Newcastle. Il habite une fort jolie maison parfaitement meublée. Sa jeune femme est charmante, et lui-même est un fort bel homme, qui a fait plusieurs voyages sur le Continent : il est grand amateur de chasse, et a pour cela deux chevaux valant chacun 2,500 fr., et en outre, des chevaux de selle et de calèche. Il fait valoir trois fermes éloignées de plusieurs lieues les unes des autres, et composant un tout de mille hectares.

M. Grey a deux troupeaux, un Leicester, et l'autre croisé Leicester et Chéviot : celui-ci, qui est de mille bêtes, se trouve dans une ferme de montagne peu fertile, et cependant, le produit qu'il donne approche de très-près celui du troupeau Leicester, qui se trouve sur la grande ferme.

Il met dans les bruyères de sa ferme de montagne des petites vaches des montagnes d'Écosse, qui lui coûtent de 75 à 100 fr. ; il leur donne un taureau courtes cornes. Elles restent dans les bruyères jusqu'à ce que le veau soit sevré, et puis il les engraisse dans une excellente propriété qu'il fait valoir près de Berwick, et les vend de 250 à 375 fr. Quant aux veaux, il les nourrit bien : il en a vendu cette année deux des plus beaux, âgés de deux ans, pour la somme de 1,050 fr. pour être engraissés ; il regarde ce croisement comme extrêmement profitable.

J'ai visité ensuite M. Compton de Léamouth, qui venait d'avoir un encan de béliers Leicester pour la monte, deux jours auparavant. Ses béliers sont très-grands et fort beaux, mais sont excessivement gras, ce qui doit nuire à leur service ; ils ont une laine beaucoup plus belle que celle du troupeau de M. Jobsohn, qui, en revanche, a cet avantage de se maintenir beaucoup plus gras sur les pâturages semés.

EXCURSION EN ÉCOSSE.

En quittant M. Compton, je continuai ma route et fus bientôt sur un fort beau pont qui unit l'Angleterre et l'Écosse, séparées dans cet endroit par la charmante rivière de Tweed : de suite après le pont se trouve une humble auberge qui est le Gretna green de ces cantons. On m'a dit que lord Brougham et d'autres grands personnages dont j'ai oublié les noms, ont été mariés là.

La route montant un coteau qui borde la rivière, nous fait passer bientôt au pied d'une colonne fort élevée, surmontée de la statue de je ne sais quel membre de la chambre des communes, dont les propriétés sont dans le voisinage, et qui s'est suicidé, il n'y a pas long-temps. Nous traversâmes ensuite la petite ville de Coldstream, où le général Monck forma dans le temps un régiment, qui maintenant se trouve faire partie de la garde royale à pied et porte le nom de la ville où il a été formé. Je suivis pendant neuf milles la délicieuse vallée de la Tweed, voyant souvent la rivière, puis la perdant de vue. Nous arrivâmes le soir à Kelso, ville qui se trouve dans une des plus jolies positions qu'on puisse voir.

Culture de M. Roberton.

Je me rendis de bonne heure le lendemain chez M. Roberton de Ladéarig, à deux milles de Kelso ; il me reçut fort bien, quoiqu'il fût en affaires ; et après m'avoir fait déjeuner avec Madame, qui est très-aimable, nous parcourûmes sa ferme qu'il a reprise de son père, il y a cinq ans. Celui-ci l'avait fait valoir pendant une quarantaine d'années, aussi bien qu'on le faisait dans ces temps-là. Son fils ayant rencontré, il y a trois ans, M. Smith de Déanston, le grand assainisseur des terres, il adopta son système, et il a fait, depuis ce temps, la longueur de soixante-onze milles de rigoles couvertes, dont les petites ont deux pieds et demi de profondeur : près de la moitié de ces rigoles est remplie en petites pierres cassées de la grosseur de celles qu'on met sur les routes.

On couvre les pierres avec des gazons ; si l'on en manque, on y supplée par des genêts-bruyères, ou bien par de la paille, et puis l'on remplit la rigole avec de la terre prise au moins pour moitié dans celle de la superficie du champ, afin d'éviter qu'elle ne se lie et ne devienne imperméable.

Ces rigoles sont établies à trente pieds les unes des autres dans les terrains qui s'égouttent assez facilement, et à quinze pieds dans les terres fortes. Elles débouchent dans une rigole un peu plus profonde, mais surtout plus large, qui, contenant plus de pierres, offre plus de vide pour laisser passer l'eau qui vient des autres rigoles. Ces grandes rigoles ont, de distance en distance, des ouvertures qui laissent échapper l'eau dans des fossés ouverts qui la conduisent dans deux grands réservoirs faits pour amasser assez d'eau pour faire aller la machine à battre : ces réservoirs ont coûté plus de 7,000 fr.

M. Roberton a déjà dépensé pour faire des rigoles 37,500 fr., et il pense avoir au moins pareille somme à dépenser avant d'être complètement débarrassé de l'humidité superflue.

Il a employé en trois ans pour 50,000 fr. de chaux, à raison de seize à vingt tombereaux par hectare, suivant le fonds de terre. Chacun de ces tombereaux contenant de cinq cent soixante-deux à six cent trente-deux litres de chaux, cela lui revient en moyenne à 250 f. par hectare, et les rigoles à 275 f.

Il faut maintenant ajouter 156 fr. pour onze cent vingt-quatre litres d'os broyés, afin d'y faire venir de bons turneps qui, étant consommés aux deux tiers sur le terrain, mettent les mauvais pâturages en état de donner des récoltes magnifiques, ce que j'ai vu.

M. Roberton m'a dit devoir encore acheter pour 37,500 fr. de chaux avant d'avoir fini de chauler ce qui en a besoin maintenant, ce sera fait dans deux ans; il sera quatre ans sans chauler, après quoi il reprendra des terres chaulées, il y a neuf ans, par son père. Son bail aura encore à courir l'espace de douze ans, l'ayant obtenu pour vingt-trois ans.

Il fait des plantations considérables pour abriter les champs contre les mauvais vents : le propriétaire fournit le plant et plante les haies.

Son troupeau provient d'un croisement entre brebis Chéviot et béliers Leicester, mais il y a déjà bien des générations, et il les amène complètement à la race Leicester, en leur donnant toujours de bons béliers qu'il loue pour cela.

Il dit que toutes les améliorations faites sur sa ferme la mettent en état de maintenir avec avantage un troupeau Leicester. Ses moutons, à deux ans, arrivent au poids de quatre-vingt-huit à cent livres, et lui donnent jusqu'à sept livres de laine.

Il vend ses bœufs gras à trois ans, après leur avoir donné des turneps et quatre livres de tourteaux de lin par jour, depuis octobre jusqu'en mars et même quelquefois jusqu'en mai ; il engraisse tout ce qu'il élève, et est obligé d'acheter de jeunes bœufs de deux ans, et des veaux qui viennent de naître, qu'on nourrit avec du lait écrémé mêlé de gelée de graine de lin. Il vend tous les ans quarante bœufs vers l'âge de trois ans, en a trente d'un à deux ans, et vingt veaux ; il a huit vaches, vingt chevaux de travail, six poulains, douze cents bêtes à laine, sur une ferme de cinq cents hectares, dont bonne partie était en parcours de moutons. Le prix moyen de location de ses terres est de

55 fr. l'hectare ; il a cent quarante hectares de céréales de toute espèce. On compte dans son voisinage vingt-cinq hectolitres de tous grains par hectare, comme un produit moyen : cette année, il aura bien davantage ; il compte sur vingt-huit hectolitres en froment, et sur trente-trois en orge et avoine. Il a un livre de desséchement, sur lequel il porte le plan de chaque champ à mesure qu'il le dessèche ; il y marque le long des rigoles, les noms des ouvriers qui les ont faites, afin de connaître ceux qui auraient mal rempli leur besogne, et ils en sont prévenus.

J'ai trouvé sur les bords de la Tweed, rivière qui sépare, pendant assez long-temps, l'Angleterre de l'Écosse, un pays admirablement cultivé et charmant par ses belles plantations, la richesse des terres et de leurs produits, ainsi que par les nombreuses et jolies habitations qui ornent son cours. Je me rendis à une petite ville appelée *Dunce*, en traversant toujours un beau pays bien cultivé et fertile. Je visitai sur ma route deux cultivateurs pour lesquels j'avais des lettres de recommandation, mais ils étaient absents : je fus donc coucher, après une longue journée, à Dumbar, petite ville sur la route de Berwick, où j'arrivai le lendemain matin ; c'était un dimanche, je restai à l'auberge et employai ma journée à écrire, et comme il pleuvait à verse le lendemain, je fus obligé de renoncer à visiter plusieurs cultivateurs pour lesquels j'avais des lettres, entre autres le marquis de Tweeddale, beau-père du fils du duc de Wellington, et qui est un cultivateur très-renommé.

Je me rendis directement à Édimbourg, qui est assurément la plus belle ville que j'aie encore vue, tant par la régularité et la beauté de la nouvelle ville, que par ses nombreux monuments et par son admirable position, qui permet de voir, depuis le milieu de la ville, de belles montagnes et une magnifique baie avec ses îles et ses rochers. L'ancienne ville avec ses deux châteaux et le superbe collége, fondé par Hériot pour recevoir deux cents fils des citoyens de la ville. qui n'ont pas les moyens de leur donner une bonne éducation, a bien aussi ses beautés.

J'ai vu avec un grand intérêt, la classe d'agriculture et son musée au collége d'Édimbourg ; ils sont ornés de tableaux représentant les différentes espèces d'animaux qui sont utiles à l'agriculture ; quant au musée, il est rempli principalement de modèles d'instruments aratoires, de machines agricoles, de moulins, de fermes, de fours à chaux, etc., qui sont très-bien faits et qui ont dû coûter beaucoup. Ce musée a été formé par le professeur David Law, qui donne des leçons d'agriculture dans ce beau collége. Je regrette infiniment de n'avoir pu le rencontrer, car c'est un homme de beaucoup de mérite.

J'ai été fort bien reçu par sir Charles Gordon et par M. Stéphens, l'éditeur du *Quarterly* (journal trimestriel d'agriculture) ; ces Messieurs eurent la bonté de me donner des lettres de recommandation.

Je retournai à Haddington dans les Lothians, partie la plus fertile et la mieux cultivée d'Écosse : je voulais aller voir le marquis de Tweeddale, mais il était absent. Le malheur voulut encore que ce fût jour de marché, cela m'empêcha de visiter des fermiers pour lesquels j'avais des lettres, car ils se trouvaient à Haddington, et la journée se passa en achats et ventes.

Culture de MM. Brodie frères.

MM. Brodie eurent la complaisance de me donner les détails suivants sur leur culture : l'assolement est, première année, *turneps* avec trente mille kilog. de fumier, ou bien quinze cents kilog. de tourteaux de colza ; deuxième, *orge* ou *froment ;* cette récolte est souvent meilleure après la fumure de colza qu'après l'autre ; troisième et quatrième, *herbage ;* cinquième, *avoine*, qui, dans ce pays, forme la principale nourriture de la population. Dans les terres fortes, au lieu de turneps, on fait une jachère complète ; au retour de l'assolement, la deuxième jachère est remplacée par des fèves cultivées en lignes et sarclées.

On fait très-peu de foin ; MM. Brodie n'ont de prés ou herbages permanents, ni l'un, ni l'autre ; les chevaux sont nourris avec des fèves, et les autres bestiaux avec des turneps ; mais dans ce climat humide, les pailles sont toujours bien garnies de l'herbage semé dans la céréale. Un de ces Messieurs, qui demeure à deux milles de l'habitation du marquis, a deux fermes, et dans chacune, une machine à battre mue par la vapeur ; une des deux machines à vapeur a été construite, il y a deux ans ; elle est de la force de six chevaux et a coûté 200 liv. sterling ou 5,000 fr., mais elle est à haute pression ; elle bat de quatorze à seize hectolitres par heure, emploie pour cela douze personnes ; le grain se trouve complètement vanné ; elle consomme, en neuf heures environ, quinze cents kilog. de poussière de charbon, qui, sur la mine, ne vaut que 2 à 3 fr., pendant que le charbon en morceaux vaut de 11 à 12 fr. les mille kilog. Les récoltes d'hiver sont mauvaises cette année ; ces Messieurs m'ont dit qu'ils n'auraient que dix-sept hectolitres au lieu de vingt-huit, produit moyen d'un hectare dans une bonne année.

On pense dans ce pays, qui est à fonds calcaire, que le froment blanc de Hunter vaut mieux que tous les autres, tant pour la quantité du produit, que pour la qualité ; on estime aussi beaucoup celui nommé *the Rough chaffed white or woolly eared coheat*, *Froment blanc à balle rude ou laineuse*, mais pour les bonnes terres seulement ; pour les terres légères, on aime beaucoup le *Hickling prolific*.

Je suis allé chez M. Scowler, de chez qui étaient venues mes charrues écossaises, il y a vingt ans ; j'ai vu chez lui un outil fait pour mesurer l'épaisseur des gerbes, car dans quelques comtés de ce pays, on moissonne au cent de gerbes qui doivent avoir une certaine grosseur ; par ce moyen on arrive à faire couper très-près de terre, car alors, l'ouvrier n'a pas besoin de découvrir autant de terrain pour faire un nombre donné de gerbes, que s'il avait coupé haut. On se trouve très-bien de cette méthode qui a été nouvellement introduite ici. L'outil est fait comme une fourche à deux dents, dont l'intervalle doit contenir la gerbe qu'on fait très-petite, afin qu'elle puisse facilement sécher, car on lie de suite après avoir coupé, ensuite on pose douze gerbes debout sur deux rangs, appuyées l'une contre l'autre.

Il y a dans ce pays une pelle pour écobuer, qui doit être infiniment plus expéditive que les larges pioches qu'on emploie en France. Un levier en fer et une bêche étroite et lourde, qu'on emploie pour creuser des trous dans un terrain pierreux ou très-dur, sont aussi des outils que je n'ai jamais vus dans mon pays; une pelle à charger m'a paru aussi supérieure aux nôtres; un appareil pour cuire les racines pour les cochons ou pour les bêtes à l'engrais, m'a paru fort ingénieux : il consiste en une suite de tonneaux debout, supportés dans leur milieu, par une espèce d'essieu ; lorsque la cuisson est achevée, on lève le couvercle des tonneaux et on leur fait faire la bascule pour verser leur contenu dans des baquets; l'essieu supportant les tonneaux, leur transmet la vapeur du générateur. M. Brodie le cadet, qui cultive des terres très-fortes et humides, est obligé d'établir ses rigoles couvertes à quinze pieds les unes des autres ; n'ayant pas de pierres, il emploie des tuiles qu'il fabrique lui-même : cet assainissement lui revient à 400 fr. l'hectare.

Le froment vaut actuellement au marché, le nouveau, 75 fr. les deux cent quatre-vingt-un litres, le vieux froment, de mauvaise qualité, 82 fr. 50 c., et le meilleur, 100 fr.; on vendait sur la place des oiseaux pris sur les rochers, dans la mer; on les nomme des *oies marines*; on ne les vend que 80 c. pièce, bien qu'elles soient beaucoup plus grosses que des canards; on les amenait par tombereaux et des personnes aisées en achetaient. En retournant à Édimbourg, je traversai de nouveau ces fameux prés qui sont arrosés par les eaux de l'égout de la ville, qui, étant sur la hauteur, fournit ainsi à l'irrigation d'une grande étendue d'un terrain, dont bonne partie n'offrait, il y a une vingtaine d'années, que de mauvaises pâtures sablonneuses, sans valeur; maintenant, ce sont des prés qui, en moyenne, se louent 1,125 fr. l'hectare, mais parmi lesquels il y en a dont le loyer monte jusqu'au double pour un an. On les fauche six fois par an; cette herbe fine et tendre sert à nourrir les vaches laitières auxquelles on donne des résidus de brasseries. De bonnes vaches du comté d'Ayr, avec cette nourriture, peuvent donner jusqu'à trente-six et même quarante litres de lait, par jour, et cela, pendant six mois. On fait, sur les bords de la mer, du sel fort beau, en évaporant l'eau au moyen de la poussière de charbon de terre, qui ne coûte que 2 fr. 50 c. les mille kilog. Le quintal de ce sel, qu'on peut appeler *sel de table*, tant il est beau, se vend 3 fr. 75 c. ; *en France vingt livres de sel gris coûteraient autant.*

Je fus chez M. Blackwood, fameux libraire, bien connu ; il me fit entrer dans une belle rotonde éclairée par le haut ; il s'y trouve une immense table couverte de journaux et revues ; je croyais que c'était un cabinet littéraire : il me tira de mon erreur, en me disant que cette salle était faite pour recevoir ses amis et les étrangers distingués qui voulaient bien lui faire l'honneur d'y venir pour y savoir les nouvelles ; alors il m'a engagé à y venir aussi souvent que cela pourrait m'être agréable.

Je suis allé chez M. Peter Lawson, pépiniériste et grainier de la société d'agriculture d'Écosse, j'y ai vu de fort beaux magasins et puis plusieurs immenses salles qu'on destine à former un muséum d'agriculture, comme celui de MM. Drummond de Stirling : seulement, on y a ajouté une fort belle serre pour contenir les plantes rares ; la maison, qui a sept étages, vient d'être construite pour cela ; elle sera chauffée par un appareil à eau chaude, au lieu de calorifère à air chaud : ce genre de chauffage commence à devenir en vogue en Angleterre.

En voyant le superbe monument nommé *Hériot 's Hospital*, je demandai à un Monsieur âgé, qui passait, si ce n'était pas le château de Holy rood : il me répondit que non, et que cet établissement de charité, fondé si magnifiquement par un citoyen de la ville, pour fournir à l'éducation de deux cents fils de familles citoyennes de la ville, qui auraient fait de mauvaises affaires, méritait bien plus d'être visité que l'antique château des rois d'Écosse ; lui ayant demandé si on pouvait y entrer, il me répondit qu'on le pouvait avec une carte, et alors il m'engagea à l'accompagner, afin de me procurer cette carte; je le suivis, et nous nous rendîmes dans un bureau où, s'étant fait connaître pour le docteur Walker, il obtint pour moi ladite carte, me serra la main et s'en fut sans me demander mon nom.

Je me rendis dans ce magnifique bâtiment, qu'Édimbourg doit à la bienfaisance éclairée d'Hériot, le bijoutier de Jacques Ier d'Angleterre : la fondation date de 1628. Il s'y trouve maintenant cent quatre-vingts élèves ; ils y entrent à l'âge de sept à dix ans, et en sortent à quatorze ou quinze, à moins qu'ils ne montrent des moyens supérieurs ; alors, on les garde pour les mettre en état d'entrer à l'Université. On leur enseigne leur langue, le latin et le grec, le français, l'arithmétique, la tenue des livres, les mathématiques, la géographie, et l'on y a ajouté, il y a quelques années, la gymnastique, le dessin et les éléments de musique.

A leur sortie, on leur remet une bible et deux habillements complets de leur choix. Ceux qui entrent en apprentissage reçoivent, pendant cinq ans, 250 fr. par an, et à la fin de leur apprentissage, on leur donne 1,250 fr. Ceux qui sont destinés à terminer leurs classes sont envoyés au collége pendant quatre ans : on paie pour eux et on leur donne en outre 750 fr. par an.

Une autre école, fondée par une personne charitable, élève quatre-vingts jeunes gens de la même classe, et de la même manière. Une autre encore, fondée par un M. Watson, en élève cent vingt ; trois autres établissements élèvent deux cent soixante-dix garçons, et enfin, deux pensions de filles en élèvent aussi gratuitement cent cinquante, sans compter d'autres établissements entretenus par des souscriptions volontaires. Voilà comment le bon exemple donné par Hériot, a profité à la ville d'Édimbourg.

J'ai parcouru, aujourd'hui 31 août, en partant d'Édimbourg, un beau et bon pays bien cultivé pendant dix milles environ ; ensuite nous sommes entrés dans les montagnes qui, bientôt après, deviennent inhabitables et sont en effet inhabitées. Des terrains considérables sont couverts d'une tourbe de terre de bruyère, dont on fait du combustible.

On y voit de petits moutons à tête noire, de temps en temps une maison de poste, ou quelques tristes fermes et de misérables baraques, comme celles bâties par des mendiants sur quelques communaux, telles qu'on en voit quelquefois en France.

Terre du duc de Buckleugh.

Après avoir fait ainsi une vingtaine de lieues, nous commençâmes à descendre, et aperçûmes bientôt une magnifique vallée, dans laquelle se trouve la superbe et vaste terre de Drumlaurig, qui appartient et est souvent habitée par le duc de Buckleugh ; je m'arrêtai à Northill, bourg dépendant de la propriété; je descendis dans une fort bonne auberge qu'on m'avait recommandée; j'y fus à merveille et presque pour rien. Du reste, j'ai plusieurs fois remarqué que les tourne-brides des châteaux sont de fort bonnes auberges, où l'on paie fort peu.

Après mon dîner, je fus porter une lettre que j'avais pour le major Chrighton, administrateur de la terre de Drumlaurig, qui rapporte 1,100,000 fr. par an. Le duc, qui n'a encore que trente-cinq ans, y fait faire de grandes améliorations : il a déjà fait planter douze cents hectares de bois. Les mélèzes, pins et sapins, sont les arbres qu'on emploie le plus dans ces plantations, mais on y fait aussi entrer les chênes, frênes, ormes, hêtres et bouleaux. Il faut quarante-quatre mille plants pour garnir un hectare; les trous sont placés en quinconce à trois pieds de distance; on les fait de huit pouces en carré dans les bruyères qui sont peu épaisses et hautes; le plant coûte 40 fr., et la plantation 22 fr. 50 c. par hectare. Les fermes sont en partie rebâties à neuf en belles pierres de taille rouges; on construit toujours de charmants cottages avec beaucoup de goût et même de luxe; la maison du garde-général est charmante et a coûté 30,000 fr.; celle du jardinier a pu coûter le double, c'est une chaumière suisse délicieuse, qui ferait une charmante maison de campagne. On érige ces maisons dans les endroits où elles peuvent servir de points de vue, et ainsi servir à l'ornement de ce pays qui est déjà naturellement si beau.

Les jardins coûtent 20,000 fr. d'entretien par an. Il y a des serres immenses. J'y ai remarqué le figuier à caoutchouc ; en lui faisant une incision, il en sort un jus laiteux qui devient entre les doigts du caoutchouc ; ses feuilles sont fort belles. J'ai aussi vu dans ce jardin une plante haute de cinq pieds, nommée *Heracleum ;* on dit qu'elle vient de Sibérie, et que ses feuilles, qui ressemblent à celles du panais, peuvent servir de très-bonne heure à la nourriture des bœufs, car elles laissent un goût au lait. J'en ai rapporté de la graine ; mais elle demande une très-bonne terre. J'ai vu aussi de jeunes pins dont la graine a été rapportée par un naturaliste fort connu, nommé *Douglas*, des bords de la rivière Columbia en Amérique ; il a assuré que ces pins arrivent à plus de deux cents pieds de hauteur. Ce pauvre homme, dont le frère est un des employés du duc, a été se faire tuer dans la Nouvelle-Zélande par un taureau sauvage.

J'ai visité le matin de bonne heure le vieux château de Drumlaurig, qui est fort haut par lui-même et se trouve encore élevé au sommet d'une colline, placée au milieu d'une vallée admirable : il produit, soit de près, soit de loin, un bien bel effet. La vallée qui l'entoure est très-fertile et fort bien cultivée, et se trouve partagée par une belle rivière qui forme maintes cascades, et qui est souvent encaissée à de grandes profondeurs par des coteaux couverts de bois magnifiques.

J'ai suivi cette charmante vallée pendant quelques

lieues en me rendant à Dumfries, ville de douze mille âmes, située elle-même dans un fort beau pays. Mais ensuite, en me rendant à Kirkubright, j'ai traversé des montagnes bien ingrates, bien laides et bien froides. En revanche, la vallée de Kirkubright est une des plus jolies qu'on puisse voir. Sa rivière est si abondante en saumons, qu'on en loue une partie fort peu considérable, pour 17,500 fr., et le reste jusqu'à la mer, 20,000 fr.; il arrive quelquefois qu'on prend cinq cents saumons dans un jour. La ville, qui porte le nom de la vallée, est fort peu considérable, mais c'est un port de mer où l'on construit des bâtiments de quatre à cinq cents tonneaux; elle est ornée par deux fort belles ruines, une ancienne église et un château-fort dont on a conservé un fort beau donjon très-élevé. La rivière forme, à marée haute, un fort joli lac, au milieu duquel se trouve une belle île boisée, dans laquelle est située le château de lord Leelkiret.

Exploitation de M. Church.

Après avoir dîné, je suis allé porter une lettre à M. Church qui cultive une ferme à peu de distance de la ville; j'y fus fort bien accueilli et on ne me laissa pas retourner à mon auberge. Le lendemain, on me fit voir la ferme qui est fort bien cultivée, et des parties élevées de laquelle j'eus une vue admirable sur cette délicieuse vallée, sur la mer, et enfin sur l'île de Man, qui se trouve à peu près au milieu du canal qui sépare l'Irlande de l'Écosse.

M. Church a un beau troupeau Leicester et de courtes cornes. Un de ses gendres, M. Mure, qui habite la ville, faisant marcher la culture et le commerce ensemble, a des vaches Galloway fort belles; c'est une espèce noire et sans cornes. Il a fait des essais avec le nitrate de soude dans son jardin, sur le gazon, sur des carottes et des choux, et cela avec un plein succès. Un carreau de choux étant détruit par les vers blancs, il y a semé du nitrate aussitôt après la première pluie : leurs ravages ont cessé subitement.

M. Church a quatre fils et deux filles; celles-ci sont mariées ; la seconde a épousé un commerçant fixé à Liverpool, qui a fait une très-belle fortune au Pérou où il a passé quatorze ans : un de ses fils est dans la Guyanne anglaise, un autre à Calcutta, le troisième à Bombay, enfin, le dernier au collége. Les Écossais sont très-entreprenants.

En faisant le tour du comté de Wicklow, qui forme une presqu'île se rapprochant très-près de l'Irlande, j'ai vu quelques bonnes terres fort bien cultivées, avec des récoltes fort belles en avoine, turneps et pommes de terre; mais presque tout le pays est une espèce de désert couvert de rochers et de bruyères ; on y voit cependant toujours des champs de pomme de terre magnifiques ; on m'a dit que cela provenait de la grande quantité d'herbes marines qu'on emploie pour les faire croître. En suivant la côte pendant environ quarante lieues, j'ai eu toujours en vue l'île de Man ou les côtes d'Irlande, enfin, celles de Cantire et de l'île d'Arran. Ce voyage est un des plus intéressants de ceux qu'on puisse faire, pour la beauté des vues maritimes. Je vins coucher à Ayr, petite ville et port de mer.

Sur ma route on me fit voir de grands travaux que fait maintenant exécuter lord Galloway dans le comté de Wicklow, où il possède une grande terre : ces travaux ont pour but de mettre à l'abri de la marée une baie considérable qui augmentera sa propriété de sept mille hectares de bonnes terres : ils coûteront des millions ; mais ce ne sera cependant que son revenu de quelques années, qu'il aura employé à cette immense amélioration. Le gouvernement lui allouera une indemnité de 4 à 500 fr. par hectare mis en état de culture, m'a-t-on dit : il emploie un ingénieur écossais pour la direction des travaux, mais il suit le plan qui lui a été tracé par des ingénieurs hollandais qui viennent de temps en temps.

Depuis mon départ d'Édimbourg, à peine ai-je vu quelques champs de froment ou d'orge : on ne cultive que des avoines. Elles sont cette année d'une beauté extraordinaire, mais la plus grande partie en a été versée par les vents violents qui ont régné, il y a une quinzaine de jours, accompagnés d'une pluie battante. J'ai vu, aujourd'hui 7 septembre, du seigle sur pied et des avoines toutes vertes, un peu de froment coupé, ainsi que de l'avoine.

Exploitation de M. Fandley.

Je suis allé à Maybol, petite ville à huit milles d'Ayr pour visiter la culture de M. Fandley, fermier qui demeure à la porte de cette ville et qu'on m'avait indiqué comme un excellent cultivateur, et on ne m'avait pas trompé. Il cultive quatre-vingt-deux hectares et demi, qu'il paie à raison de 131 fr. l'hectare. J'ai vu du froment qu'on moissonnait, qui était de toute beauté; il m'a dit qu'il donnerait trente-cinq hectolitres par hectare.

Mais il a un autre champ qui, ayant été semé en février, après la consommation des navets, aura bien de la peine à mûrir; il a des avoines admirables qu'il assure devoir donner cinquante-six hectolitres par hectare, des turneps très-beaux et très-propres, ainsi que toutes ses récoltes. Son assolement est de six ans, parce qu'il laisse durer son pâturage trois ans; il le sème avec douze livres de trèfle rouge, huit de blanc, quatre de lupuline et soixante-dix litres de ray gras anglais, quantité extraordinaire de semence. Mais cela lui réussit on ne peut mieux, car ces herbages, soit la première ou dernière année, sont magnifiques et comme d'anciens herbages permanents.

Il met quatre-vingt-cinq mètres cubes de fumier pour ses pommes de terre, soixante-huit pour ses rutabagas et trente-quatre pour les turneps, auxquels il ajoute quatorze hectolitres d'os broyés par hectare.

Il a de trente-quatre à trente-six vaches laitières de

la charmante espèce du comté d'Ayr, et environ vingt-quatre jeunes bêtes pour les remplacer : les bonnes vaches, quoique petites, se vendent de 375 à 500 fr. la pièce ; il en a vendu une 1,000 fr. Il faut qu'elles soient bonnes pour donner dix-huit kilog. de lait par jour, après quoi il a réduction de moitié pendant deux à trois mois : il en a qui lui donnent jusqu'à vingt-deux kilog. de lait dans le bon moment de l'année ; il fait jusqu'à deux cents livres de beurre par semaine ; on écrème le lait gras, qui se vend ensuite 10 c. le pot ; on vend le bas beurre au même prix. Le lait est mis dans des baquets en bois cerclés en fer, qui n'ont que quatre pouces d'élévation. La baratte va moyennant un manége et un petit cheval.

Il ne trait pas ses vaches en hiver avant qu'elles ne vêlent, et les nourrit alors avec de la paille et cinq litres de navets. Ses chevaux ont, tant que les rutabagas durent, la même quantité de cette racine qu'on fait bouillir dans beaucoup d'eau : on les écrase bien, et ensuite on ajoute des balles et des grains de rebut, cela remplace la ration d'avoine du soir : pendant le jour, il leur donne de la paille dans laquelle se trouve beaucoup de bonne herbe et douze livres d'avoine en deux fois. Quand ils travaillent fort, il ajoute du foin et des fèves qu'il achète pour cela ; en été, ils sont au vert et n'ont alors que la demi-ration d'avoine. Tous les fermiers de ce pays donnent à leurs chevaux cette soupe aux racines, on leur donne aussi des pommes de terre au lieu de rutabagas, mais on préfère généralement ceux-ci.

M. Fandley n'a de moutons que pour consommer la moitié des turneps qu'il laisse sur le champ, et puis il les vend. Il lui faut douze hommes et autant de femmes pour arracher un hectare de pommes de terre par jour ; il fait cette besogne à la mi-octobre, et paie pour cela 37 fr. 50 c., ou 3 fr. 10 c. pour un homme et une femme : on fait tout à la main.

Il met tous les six ans de soixante à quatre-vingts mesures de chaux sortant du four par hectare ; la moyenne serait de soixante-dix hectolitres. Il l'emploie au moment de faire des raies pour ses racines ; il l'étend, herse fortement, ouvre les raies, amène et étend le fumier, le recouvre en reformant les raies, et puis sème les turneps : cela mêle parfaitement la chaux qu'il regarde comme à moitié perdue quand elle est mouillée après avoir été répandue.

Il dit que sans la chaux il n'aurait pas de bons herbages ; il m'a dit aussi que ses pâturages, si beaux qu'ils soient, vont en décroissant après trois ans, et qu'ils profitent mieux aux vaches laitières la première année. Il croit qu'il n'est pas avantageux de conserver les vieux pâturages en herbe : il en a cependant loué un près de sa ferme à raison de 200 fr. l'hectare ; mais il dit que s'il était à lui il le labourerait. Il dit que ses vaches lui produisent chacune 300 fr. par an.

Toutes ses terres ne demandent pas un assainissement complet, mais celles qui sont humides ont été assainies à raison de 400 fr. l'hectare. Le propriétaire a payé la moitié de la dépense ; les baux sont de dix-neuf ans ; les rigoles étaient espacées de quinze pieds.

Il dit qu'un mouton de l'espèce à tête noire doit donner de 12 fr. 50 c. à 15 fr. pour les navets qu'il mange ; il coûte à peu près le même prix. Ses vaches sortent en hiver pendant trois ou quatre heures, ses pâturages ne se défonçant pas par un temps humide. En été, elles ne rentrent que pour être traites ; elles sont dans une étable sur un rang, et derrière elles, une rigole de six pouces de profondeur et large d'un pied par où s'écoulent les urines sur les fumiers : lorsqu'elles viennent de vêler elles ont aussi de la soupe.

Ses champs et pâturages sont des mieux soignés que j'aie vus, et ses récoltes infiniment plus belles que celles des fermes voisines.

Un domestique marié a dix-huit litres de farine d'avoine par semaine, son logement avec un jardin, et de 280 à 300 fr.

Un tombereau à un cheval, allant sur la route, charge cent vingt-sept centimètres cubes de fumier qu'il paie dans sa petite ville 7 fr. 50 c.

Terre du duc de Postland.

Je suis allé dans une terre appartenant au duc de Postland, près d'Ayr, mais son régisseur étant absent, je n'ai pu avoir que peu de renseignements. Ce grand seigneur est, je crois, le premier qui ait adopté l'assainissement complet par rigoles couvertes et parallèles, il y a quinze ans; il avait amené pour cela un homme habitué à cette opération qui a été faite sur toutes les fermes, les fermiers ont payé le 5 p. % de la dépense.

Les moissonneurs se paient par couple, un homme et une femme, 6 fr. 25 c. par jour.

Le chemin de fer, depuis la ville d'Ayr à Glasgow, que je pris, me fit d'abord traverser des dunes sablonneuses et en grande partie couvertes de bruyères; plus loin, en nous éloignant de la mer, nous rentrâmes dans les terres cultivées et traversâmes un pays des plus jolis qu'on puisse voir; en longeant deux lacs charmants, nous vîmes de jolies maisons de campagne, mais qui ne sont pas aussi soignées que celles qui couvrent l'Angleterre; nous vîmes une grande quantité de manufactures de tout genre, mais surtout de châles et de soieries. Le chemin de fer, ainsi que celui qui va à Greenock, fameux port, et qui rejoint celui que je suivais, passent tous deux par-dessus les toits des maisons de la ville de Paysley qui contient une population manufacturière de quatre-vingt mille âmes, quoique très-près de Glasgow qui en contient plus de quatre fois autant.

J'ai vu aujourd'hui, pour la première fois, que, pour éviter les éboulements causés par l'humidité dans les pentes rapides qui sont le long des chemins, on établit au travers de ces pentes, surtout où la terre

est argileuse, des rigoles profondes de huit à dix pouces, larges de même; on les remplit de petites pierres,
ou à leur défaut, de tuiles bombées faites pour le fond
des rigoles de desséchement, puis on les recouvre de
gazons et de terre; elles sont tracées obliquement et
non perpendiculairement, et elles se croisent. On a
aussi le soin, partout où il y a des pentes, d'éviter
qu'elles ne soient trop raides, et puis on les couvre de
bonne terre qu'on sème en gazon pour soutenir le
terrain.

La ville de Glasgow est fort grande, mais très-peu
agréable, à cause de sa fumée et de sa sale population
ouvrière.

Je me rendis de Glasgow à Dumbarton par un
bateau à vapeur : en approchant de cette ville, on
traverse un pays admirable ; l'ancien château est situé
sur deux coteaux en forme de cône, et paraît être sur
une île. Nous trouvâmes là un omnibus qui nous
mena, en une heure, à travers un charmant et riche
pays, au fameux lac Lomond. Nous nous embar-
quâmes sur un superbe bateau à vapeur, qui nous fit
parcourir, en quatre heures, pour 5 fr. environ, seize
lieues sur le plus beau lac qui existe : il est couvert
de vingt îles dont moitié sont grandes : les bords du
lac sont, dans le commencement, fertiles et bien
cultivés, mais plus loin, ils deviennent agrestes et
même sauvages : on prend de distance en distance
une foule de touristes. J'ai traversé ensuite une montagne pour rejoindre le lac Catherine, où un bateau

à rames nous prit pour nous conduire à l'île de la Dame du Lac et aux fameux Trossaxes célébrés par Walter-Scott. A deux milles de là, nous trouvâmes une excellente auberge placée sur les bords d'un charmant petit lac avec une vue délicieuse ; son nom n'est pas des plus mélodieux, *Ardcheanachrochdan ;* mais la propriétaire, une bonne veuve, nous reçut à merveille, nous traita fort bien et à bon marché.

Exploitations manufacturières et agricoles de M. Smith.

De là, je fus chez M. Smith de Deanston, près de la petite ville de Dunse, à environ quatre lieues de Hirling. C'est lui qui a le plus fait pour faire connaître à son pays l'immense amélioration que produit l'assainissement à rigoles couvertes et parallèles, dans les terres à sous-sol imperméable. Il fut parfait pour moi, bien que je n'eusse pas de lettre pour lui, me fit déjeûner et ensuite me fit voir en détail ses manufactures, dont l'une fait des instruments et machines de tout genre pour filatures ou autres manufactures, et l'autre file et tisse des calicots. Il emploie dans ces deux établissements onze cents personnes ; il a sept cents métiers à tisser fonctionnant par le moteur général, l'eau : une femme surveille deux métiers qui peuvent faire chacun vingt-cinq mètres cinquante centimètres de calicot par jour : ainsi, si tous les métiers marchaient ensemble pendant une journée entière, ils produiraient dix-sept mille huit cent cinquante mètres de calicot. Nous vîmes ensuite un canal long d'un mille, large de dix mètres, profond de près de trois, payé dans toute sa longueur, parcourant trois cents mètres sous terre pour arriver dans un énorme bâtiment, où se trouvent quatre roues et place pour quatre autres qu'on est occupé à construire, dont chacune a treize pieds de largeur et trente-six pieds de diamètre. Quand les quatre roues qu'on fait seront posées, il aura une force de six cents chevaux qui, y compris la digue qui traverse une large rivière torrentueuse, lui aura coûté un million sans les bâtiments, excepté celui des huit roues. Un bâtiment, qui est à l'abri du feu, n'ayant pour toute ouverture, qu'une ou deux portes, se trouve formé par vingt-quatre voûtes, éclairées par le haut par vingt-quatre ouvertures coniques en verre, supportées par les murs extérieurs et des colonnes en fonte ; il est couvert de bitume sur lequel on a mis un pied de terre qui est cultivée en jardin. Il y a encore un bâtiment, construit par lui, ayant sept étages et quatre-vingts pieds de hauteur, dont les planchers sont supportés comme des ponts en fil de fer, afin de n'avoir point de séparations.

Il y a établi, dès le commencement de la construction, une machine qui vous monte ou descend à l'étage que vous marquez sur un cadran en y entrant ; elle a coûté 2,500 fr., sans la cage qui la contient ; elle a servi à monter tous les matériaux nécessaires à la construction de ce bâtiment énorme qui ne forme que le quart de celui qui est projeté.

Il a construit un charmant village dans lequel il loge ses ouvriers au nombre de quinze cents, y compris leurs enfants. J'ai vu quelques-uns de ces logements qui sont composés de plusieurs petites pièces, mais fort propres, très-commodes et meublées de manière à annoncer une grande aisance : ils sont loués de 62 fr. 50 c. à 125 fr.

Les ménages sont obligés de réunir toutes les ordures qui se font journellement, et qu'il fait enlever et conduire sur un tas éloigné du village et bien soigné. Lorsque le temps de planter les pommes de terre est arrivé, on fume le terrain qui a reçu les façons nécessaires, et les ménages qui sont divisés en deux ou trois classes, suivant le nombre d'individus dont ils sont composés, ont une étendue de terrain proportionnelle à leur classe, dont ils paient le loyer à raison de 150 fr. l'hectare, y compris les façons de labour et la rentrée de la récolte : j'ai vu ce champ de pommes de terre des ouvriers : il est très-beau.

Il y a des machines à filer qui ont cent soixante broches ; deux de ces machines sont surveillées par trois personnes ; il a des machines qui réunissent sur un seul cylindre mille fils de six milles de longueur. L'espèce d'hommes et de femmes employés dans cette belle manufacture est belle et haute en taille ; elle annonce la santé et la satisfaction : chaque ouvrier a un livret sur lequel il est obligé d'inscrire ce qu'il a fait dans la journée ; ils ont en général de belles écritures : il y a une école où les enfants au-dessous de neuf ans vont six heures par jour, et ceux de neuf à treize ans, quatre heures par jour : ceux-ci travaillent huit heures, les autres ouvriers, depuis cinq heures et demie du matin à six heures et demie du soir.

M. Smith fait réunir toutes les eaux grasses et des égouts, ainsi que les vidanges des fabriques, et les mélange avec les cendres, la sciure de bois, les balayures, etc. ; cela lui sert à fumer par-dessus, la première année, son herbage formant la septième partie des cent hectares qui composent la ferme qu'il fait valoir pour se délasser de ses autres travaux. Son assolement est, première année, moitié *pommes de terre*, moitié *turneps*, fumés à raison de soixante milliers de kilog. par hectare ; deuxième, *orge* après les turneps, *froment* après les pommes de terre ; troisième, quatrième et cinquième, *herbage* semé dans la céréale à raison de seize livres de trèfle blanc, huit de rouge, huit de lupuline, huit de dactyle pelotonné, huit de thimoty et trente-cinq litres de ray gras anglais ; la première année, l'herbage est fumé par-dessus, comme je l'ai dit auparavant, et l'on fauche la première récolte ; les deux années suivantes on pâture ; sixième année, *avoine de Flandre blanche* ou *avoine patate ;* enfin, septième année, moitié, encore une fois, en *avoine*, un quart en *fèves* et un quart en *vesces* fumées.

La fumure de l'herbage se compose ordinairement de trente mille kilog. du compost dont j'ai parlé, dans lequel la vidange entre pour un quart.

Toutes les récoltes de M. Smith sont extraordinairement belles ; il compte cette année sur soixante-dix hectolitres d'avoine et sur quarante-deux hectol. d'orge par hectare ; il n'a presque pas de froment cette année et n'en est pas satisfait, le voisinage des montagnes rendant cette récolte peu sûre. On coupe, chez lui, la moisson avec une espèce de volant ou faucille pesante, à peu près comme les piqueurs artésiens ; un homme et une femme, bons travailleurs, font cinquante ares par jour ; mais trois ouvriers ordinaires moissonnent toujours les cinquante ares : c'est fort bien moissonné, cependant, il me semble que le piquetage est encore mieux.

M. Smith est l'inventeur de la charrue tourne-oreille, la plus parfaite qui existe et qui est connue sous le nom de *Wilkie;* son semoir, adapté à une charrue ordinaire, est excellent pour les fèves. Tous ses champs sont assainis par des rigoles de trente pouces de profondeur, dont un pied est rempli de pierres cassées comme celles qu'on emploie à réparer les routes, puis deux pouces de gazons, bruyères, genêts ou paille, et enfin, seize pouces de terre prise à la surface, au moins pour moitié ; partout où il se trouve un bas il fait une rigole plus profonde de six pouces, dans le fond de laquelle il met une tuile bombée reposant et faisant pont sur une tuile plate ; ensuite, dix-huit pouces de petites pierres ; s'il y a beaucoup d'eau à écouler, il met deux tuiles bombées, qui, accolées forment un tunnel : enfin, il a un grand conduit souterrain voûté qui emmène la masse de ses eaux ; les rigoles sont à vingt-un pieds l'une de l'autre.

Après avoir assaini ses terres, il les défonce de la manière suivante : il laboure avec une charrue ordinaire et deux forts chevaux une raie de six pouces de profondeur sur neuf de largeur, dans laquelle suit immédiatement une charrue à défoncer qui pénètre le sol à dix pouces, mais qui ne fait que le fouiller sans ramener le sous-sol à la surface ; il recommence ce défoncement au bout de sept ans, et à la quatorzième année, s'il croit sa terre suffisamment améliorée, il défonce encore, mais avec une charrue qui ramène la terre du fond à la superficie ; si le sous-sol n'est pas naturellement de bonne qualité, il faut de fortes fumures pendant les quatorze ans, pour le mettre en état d'être ramené à la surface, sans nuire à sa fertilité. Il a les plus beaux turneps qu'on puisse voir ; mais peu de rutabagas ; il préfère les jaunes à collets verts d'Aberdéen.

M. Smith a dix-huit vaches dont la plus grande partie est du comté d'Ayr, mais il les croise depuis quelques années avec un taureau courtes cornes et est très-satisfait du résultat ; il a vendu, cette année, un bœuf et une génisse, engraissés et âgés de trois ans, pour 1,000 fr. ; ses élèves croisés m'ont paru fort bien ; il va maintenant allier ensemble les produits du premier croisement.

Il a dix-huit jeunes bêtes à cornes, dix chevaux,

tant de labour que de luxe, cent vingt bêtes Leicester.

Sa laiterie est fort bien tenue ; les vases sont ronds, plats et en zinc ; il les préfère infiniment à ceux de bois. Il fait peser le produit de ses vaches laitières, et la fille chargée de la laiterie tient un livre dans lequel on marque séparément le produit des trois traites de chaque vache ; elles donnent de vingt à trente-six livres de lait par jour ; il m'a dit que les génisses croisées donnent à leur premier veau plus de lait que celles de l'espèce du comté d'Ayr, qui sont les meilleures laitières d'Écosse.

M. Smith est l'inventeur d'une quantité de choses ou de perfectionnements qui sont adoptés dans les différentes manufactures ; mais sa charrue à défoncement, sans ramener le sous-sol, celle qui ramène le sous-sol à la surface, celle à tourne-oreilles, sont des instruments de la plus grande utilité qu'il faut importer en France.

Ses champs sont entourés de haies d'aubépines très-belles et bien taillées, de manière à être épaisses près de terre et minces en haut ; dans quatre champs, il a établi, dans un des angles, une citerne ou puits alimenté par l'eau des rigoles couvertes, avec une pompe en fonte qui coûte 75 fr., et une auge. M. Smith paraît être le père de tous ses ouvriers dont, à ce qu'il m'a semblé, il est très-aimé.

Il a de superbes jardins, les plus beaux espaliers que j'aie encore vus, et couverts de beaux fruits tant en pommes, que poires, prunes, abricots et pêches très-grosses et parfaitement colorées.

Il a assaini son jardin comme ses terres, et puis a recomposé son sol à une grande profondeur, en y ajoutant toutes les terres convenables pour en faire un sol parfait.

M. Smith recommande l'assainissement, même pour les plus mauvaises terres en culture, lorsquelles sont humides ; il assure qu'elles augmenteront de suite en produit suffisant pour payer plus qu'un fort intérêt de la somme appliquée à l'assainissement ; il le recommande même pour de simples parcours de moutons.

Il recommande la douceur pour tous les animaux, particulièrement pour les chevaux : il m'a dit qu'il avait eu deux charretiers à qui on avait donné des chevaux également bons, qui faisaient le même ouvrage, mais dont l'un avait ses chevaux toujours en infiniment meilleur état que l'autre ; ayant cherché à savoir qu'elle en était la raison, il avait acquis la certitude que cela venait de ce que ce dernier faisait beaucoup claquer son fouet.

Il emploie un ciment parfait pour les endroits humides ou exposés à la gelée : il est composé de limaille de fer ou de fer qu'on moud pour cet effet ; on le délaie avec de l'eau, dans laquelle on a mis un quart d'urine, de manière à en faire une espèce de mortier qu'on a soin de ne pas trop comprimer en l'employant, afin que la rouille puisse s'y mettre : alors rien ne peut dissoudre ce ciment.

Dans ses fabriques, tous les engrenages pouvant

accrocher les personnes qui passent auprès, sont couverts de boîtes de fer-blanc.

Il avait fourni à une société, qui s'était formée, un projet pour employer toutes les eaux des égouts de la ville de Londres, qui maintenant se rendent dans la Tamise, et a prouvé qu'on pourrait ainsi améliorer les terres à cinq milles à la ronde de cette ville, ce qui produirait une immense augmentation des revenus actuels ; il n'évalue les terres qu'il irriguerait ainsi, qu'à un loyer de 500 fr. l'hectare, tandis que la moyenne du produit de celles qui reçoivent les égouts d'Édimbourg est de 1,000 fr. Dans le moment où l'on voulait réaliser cette immense amélioration, la crise commerciale d'Amérique a resserré les capitaux, et la société n'a pu se procurer les fonds nécessaires pour la mise en œuvre de ce vaste et utile projet.

Je quittai cet homme extraordinaire pour me rendre à Stirling, ce qui me fit traverser le fameux marais tourbeux de Blair Drummond, dont environ deux mille hectares ont été améliorés d'une singulière manière : le propriétaire a fait construire une très-grande roue à godets, qui, mue par une rivière très-rapide, élevait l'eau à une vingtaine de pieds, ou traçait un fossé au travers de la partie de l'immense tourbière qu'on voulait améliorer, et alors, on piquait la tourbe et on la jetait dans ce fossé, l'eau l'emportait dans la rivière qui la charriait à la mer ; il y avait des ouvriers occupés à empêcher que ce ruisseau artificiel ne fût encombré par la tourbe ; il y avait des parties

où la tourbe avait dix-sept pieds d'épaisseur ; le propriétaire fit bâtir une grande quantité de chaumières
qui furent occupées par des ouvriers qui se chargèrent
de déblayer la tourbe , à condition de jouir pour rien
du terrain pendant vingt ans , mais ils étaient tenus
à en déblayer et améliorer une certaine quantité chaque année ; quand la tourbe était enlevée, on trouvait
un sol argileux très-riche , qui , maintenant, est couvert des plus belles récoltes possibles ; il y a des orges
comme je n'en avais jamais vus , des fèves de plus de
cinq pieds de hauteur, excessivement épaisses ; j'en ai
vu plusieurs champs coupés , quoiqu'elles fussent
encore vertes : on les lie comme le froment, en petites gerbes qu'on pose debout par douzaines sur
deux rangs qui se soutiennent ; les deux dernières
gerbes servent de toiture aux dix autres : ces douzaines restent au moins quinze jours ainsi, et souvent
beaucoup plus long-temps, sous ce ciel si humide,
sans se gâter, mais il faut que les gerbes , sans être
serrées , n'aient pas plus de dix pouces de diamètre.

La vallée autour de Stirling est un des plus beaux
et des plus riches pays que j'aie rencontré dans mon
voyage. J'ai passé plusieurs heures avec MM. Drummond occupés à visiter leur musée d'agriculture : il
est composé de tous les meilleurs instruments d'agriculture qu'ils connaissent, de tous les outils de ferme,
de jardinage, soit pour les différents ouvriers qui travaillent, soit pour les cultivateurs, de bons harnais,
de tous les grains avec ou sans leur paille, des di-

verses espèces de pommes de terre et de toutes les graines employées dans la culture; ces différentes choses remplissent quatre immenses salles qui forment chacune un étage de la maison. Les semoirs y sont infiniment inférieurs à ceux qu'on fait en Angleterre; les charrues et houes à cheval sont au contraire bien supérieures; il y a encore différentes machines qui ne sont pas connues en Angleterre, ou du moins qui y sont moins bien faites. Je n'ai vu que sur les routes d'Écosse, employer une machine fort utile et très-expéditive pour l'enlèvement de la boue; le cantonnier la manœuvre et fait avec elle autant que quatre ouvriers avec des pelles; on devrait en faire venir une et l'essayer aux Champs-Élysées, ce qui la ferait bien vite adopter pour les autres routes; le râteau à cheval écossais est excellent pour ramasser les foins ou les chaumes, et pas cassant comme ceux que j'avais vus jusqu'à cette heure; le grand râteau à bras, long de cinq pieds, monté sur deux petites roues, ou sans elles, est encore excellent.

Je suis parti à quatre heures avec le courrier pour Perth; j'ai traversé trente-huit milles d'un pays dont les deux tiers au moins sont fertiles, fort beaux et bien cultivés, beaucoup de belles habitations entourées de superbes parcs, des récoltes d'avoine admirables, une quantité d'arbres très-beaux qui sont si communs dans cette belle île, tandis qu'on en voit maintenant fort peu sur le continent.

Je suis reparti le dimanche 13 septembre de
Perth pour Blair Athol, trente-six milles en allant
au Nord ; j'ai traversé un fort beau pays, riche dans
le commencement, boisé et agreste ensuite, avec une
belle rivière, des cascades, des points de vue très-
beaux et peu de culture ; en revenant sur mes pas ,
j'ai vu à Dunkeld, terre principale du duc d'Athol,
un pays délicieux, une belle rivière, de magnifiques
ruines, des montagnes couvertes de bois superbes,
une riche culture, le beau parc du château, enfin,
un fort beau pont : tout contribue à rendre cet endroit
charmant. Le dernier duc qui est mort, il y a dix
ans, était un grand planteur; pendant soixante années
de sa longue et utile carrière, il a planté annuellement en moyenne deux cent cinquante hectares de
côtes et montagnes couvertes de bruyères qui ne pouvaient nourrir que peu de misérables moutons : maintenant, ces quinze mille hectares sont couverts de pins,
sapins et surtout de mélèses superbes : les plus beaux
de ces derniers valent de 100 à 200 fr. la pièce ; il
y a des mélèses de soixante-dix à quatre-vingts ans,
qui, à cet âge, le plus convenable pour la coupe,
donnent depuis cent jusqu'à deux cents pieds cubes de
bois d'une valeur de 3 fr. 35 c. le pied, pour les
belles pièces, et de 2 fr. à 2 fr. 60 c. pour les pièces
ordinaires; le sapin se vend moins cher, mais le pin
d'Écosse ne vaut que 1 fr. le pied ; les plus beaux arbres de cette espèce, qui ont cent quarante-cinq ans
de plantation, ne pourraient fournir que cent pieds

cubes. Le bois de chêne, lorsqu'il est en grosses pièces, vaut de 3 fr. 10 c. à 3 fr. 75 c., mais lorsqu'il n'est qu'en pièces moyennes, il vaut moins que le mélèse. Le grand-père du présent duc a planté deux mélèses qu'un de ses amis, revenant d'Italie, avait arraché en traversant le Tyrol, et dont il avait rapporté une vingtaine de plantes dans sa valise : ces arbres, qui sont maintenant âgés de cent trois ans, ont quinze pieds de circonférence : on m'a dit qu'ils mesuraient trois cent quatre-vingts pieds cubes, y compris l'écorce; n'ayant pas été gênés par d'autres arbres, ils n'ont que soixante pieds d'élévation ; ceux venus dans les plantations serrées ont soixante-dix à quatre-vingts pieds de hauteur. J'ai remarqué que sous les mélèses élevés, qui ont été éclaircis, il y a un pâturage de bonne qualité ; on m'a dit qu'on y nourrissait de jeunes bêtes à cornes et que la bruyère disparaissait partout sous ces plantations ; avant qu'on ne les eût faites, le pâturage de ces bruyères était loué moyennant 1 fr. 60 c. l'hectare, maintenant, on le paie 35 fr. l'hectare, et les mélèses qui sont dessus profitent.

Hier, dimanche, nous avons vu plusieurs Écossais de la montagne, dans leur costume national, avec de petits jupons au lieu de pantalons : cela leur va très-bien ; les autres jours, on ne voit que de petits garçons sans culottes. La population m'a paru belle et forte, quoique excessivement mal logée : on ne peut voir de plus misérables huttes habitées par des humains.

Le dernier duc a vendu pour 750,000 fr. de mélèses presque tous plantés par lui, car son père n'en avait planté qu'une petite quantité, une dizaine d'années avant sa mort.

Il est essentiel, pour les mélèses, qu'ils soient dans un terrain qui ne souffre pas de l'humidité ; ils préfèrent les terres légères, mais viennent aussi dans les terres fortes ; dans les grandes plantations faites par le dernier duc, on mettait les mélèses dans les meilleurs fonds, le sapin dans les plus humides, et les pins d'Écosse dans les plus mauvais terrains ou ceux qui étaient le plus exposés au vent : on remarque que, dans certains sols humides, les mélèses qui étaient bien venus dans les trente premières années, s'étaient ensuite arrêtés ou périssaient.

La veuve du dernier duc, qui a près de quatre-vingts ans, vit dans une modeste maison près des communs de l'ancien château ; son mari, quelques temps avant sa mort, avait fait démolir l'ancien château et commencer un nouveau dans le genre gothique, dont les murs ne sont pas à moitié achevés ; toutes les précautions possibles ont été prises pour empêcher que cette magnifique ébauche ne se détruisît. Le présent duc, qui est âgé, est interdit depuis son enfance. Lord Gleulyon, l'héritier du duché d'Athol de son côté, a épousé l'héritière du duc de Northumberland de l'ancienne famille des Percys qui va s'éteindre, lui n'ayant pas d'enfants et son frère n'étant pas marié. J'ai vu, en me rendant de Dunkeld au lac Earn, une magnifique ferme que le dernier duc avait bâtie et faisait valoir.

J'ai fait aujourd'hui quarante milles dans un pays charmant; nous avons toujours suivi les bords d'une fort belle rivière ou d'un lac long de seize milles; la route étant presque toujours à mi-côte, de manière à avoir une vue étendue; nous avons admiré pendant long-temps les magnifiques plantations du dernier duc d'Athol, de très-belles récoltes, beaucoup de jolies maisons de campagne admirablement situées, enfin, le plus beau château que j'aie encore vu : il a été commencé, il y a quarante ans, par le père du présent marquis de Brédalbâne, de la famille des Campbell; il devra coûter immensément quand il sera fini; il est aussi beau à l'intérieur qu'à l'extérieur et du meilleur goût; le marquis, après dix-neuf ans de mariage, est sans enfants; sa terre est longue de soixante-dix milles; nous avons traversé avec la voiture publique le parc qui est singulièrement favorisé par la belle nature au milieu de laquelle il se trouve placé.

Les voisins de Dunkeld ont profité du bon exemple que leur a donné le duc d'Athol, car j'ai vu beaucoup de belles plantations de mélèses et autres arbres. J'ai remarqué plusieurs troupeaux de Leicester, des vaches du comté d'Ayr; la laiterie du château de Taymouth est la plus belle de toutes celles que j'ai déjà admirées. En avançant dans la montagne, j'ai vu plusieurs champs d'avoine complètement verts et des champs de seigle pas encore mûr, quelques champs de pommes de terre qui n'étaient qu'un gazon, et ne vaudront pas la peine d'être arrachées ; à mesure que l'on s'élève, on voit l'appauvrissement des récoltes et la misère des cabanes s'accroître ; on voit beaucoup de couvertures de maisons faites avec des tiges de fougères arrachées ; cela ne dure pas aussi long-temps que de la paille, mais celle-ci est rare dans la montagne.

J'ai couché dans une auberge à la tête du lac Éarn, d'où je me suis rendu à Crief (vingt milles) par un charmant pays, mais d'un aspect différent de celui de la veille ; j'ai vu quatre ou cinq habitations charmantes, deux lacs, dont un de sept milles de long, des bois et parcs délicieux, une excellente culture, de très-belles récoltes, surtout chez lord Bulcraigh et sir Dundas, ainsi que de fort beaux bestiaux, plusieurs distilleries ; les céréales sont en très-petites meules pour le diamètre, mais très-élevées et ayant un vide formé par trois perches, placées debout dans le centre, qui laissent passer l'air dans l'intérieur de la meule en lui faisant une ouverture à l'endroit où commence la couverture ; toutes les meules étant élevées sur des cadres de bois portés par des pieds en fonte ou en pierre, l'air peut pénétrer par dessous ; toutes ces précautions sont exigées afin de pouvoir serrer les gerbes humides, car il pleut tous les jours dans ce pays, et il est impossible de rentrer le grain bien sec : cela me rappelle une énorme récolte d'avoine qui, ayant été rentrée humide dans une vaste grange, en France, fut complètement gâtée, tandis que, si on l'eût mise en meules, comme ici, elle eût été sauvée; ces vastes granges coûtent l'impossible et ne conservent pas aussi bien les grains que les meules bien faites.

J'ai vu hier un singulier effet près de la tombe des Mac-Nabs, à côté d'un pont de Killin : une branche de pin, ayant été cassée pendant un ouragan, s'accrocha après un autre pin et, s'y greffant naturellement, pousse comme auparavant, depuis plusieurs années. Il y avait aujourd'hui, sur la cime des montagnes les plus élevées, de la neige tombée cette nuit.

J'ai visité le parc de Drummond, appartenant à lord Willonghby : il est dans une fort belle position, contient un charmant lac couvert d'oiseaux aquatiques, et une avenue longue d'une demi-lieue, formée par d'énormes hêtres ; le parc est plein de daims et d'autre gibier. En retournant à Crief, j'ai rencontré une vingtaine de fermiers qui allaient dîner chez leur seigneur ; je viens aussi de lire dans un journal que le duc de Richemond venait de donner son dîner annuel à ses fermiers écossais ; les grands seigneurs anglais se font un devoir d'honorer leurs fermiers.

Je fus, le même soir, coucher à Perth, et le lendemain, je fis une visite à M. Archibald Turnbull à Bellewood, près de Perth ; il a une charmante maison sur une hauteur, commandant la ville et la rivière, d'où l'on jouit d'une vue très-remarquable ; il a un charmant parc, une pépinière très-belle, composée de trente hectares ; enfin, une ferme très-bien cultivée, de soixante-quinze hectares ; étant près de la ville, il n'a que des chevaux de travail et quelques vaches à lait, partie du comté d'Ayr et partie courtes cornes ; il m'a dit que les premières donnaient plus de lait, mais moins riche que celui des autres ; il fait tous les ans une douzaine d'hectares de rutabagas pour semence, et s'y prend de la manière suivante : il choisit des racines bien faites, les plante pour porte-graines, et emploie ensuite cette semence de choix à semer une douzaine d'hectares dont la récolte est vendue pour semence ; l'hectare en fournit habituellement de dix-huit à vingt hectolitres, du prix chacun de 100 à 180 et 200 fr. Il fait faucher ses céréales qui sont très-belles : cela lui coûte, y compris le liage, 21 fr. 25 c. l'hectare ; on faisait aussi chez lui des rigoles couvertes qu'il paie 10 c. le mètre courant ; il vend ses récoltes de pommes de terre ou de turneps et rutabagas sur pied de 1,000 à 1,250 fr. l'hectare et quelquefois plus ; il a de fort bonnes charrues en fer qui sont moins fortes que celles que j'ai vues jusqu'à ce jour.

J'ai trouvé la même charrue depuis dans les terres fortes du Carse de Gowry, le long de la rivière de Tine, depuis Perth jusqu'à Dundée ; ces terres ont une grande réputation de fertilité, mais je n'y ai pas vu les belles récoltes que j'ai tant admirées près de Stirling ; la culture m'y a paru infiniment moins soignée ; les terres souffrent de l'humidité ; l'assolement y est *jachère*, *froment*, *fèves* et *pois*, *froment*, *orge*, *trèfle* mêlé de ray gras pendant un an, et *froment* ou *avoine*. On n'élève pas dans ce pays, on ne fait qu'engraisser. Lorsqu'on a des terres légères dans une ferme, on a pour elles un assolement avec turneps et pommes de terre.

Je suis allé de Dundée à Arbroath, petit port de mer, et de là, à Forfar, petite ville et chef-lieu d'un comté, par un chemin de fer, trente-un milles pour aller, autant pour revenir : cela m'a coûté 7 fr. 50 c.

Entre Dundée et Arbroath, on traverse des dunes sablonneuses, dont une bonne partie est en friche, quelques belles récoltes, beaucoup de mauvaises. J'ai vu, pour la première fois de ma vie, des chaumières assez considérables, et cela, en assez grande quantité, entièrement construites en gazons, les murs et la toiture.

Tout ce pays est couvert de manufactures de gros fil de lin, dont la matière première est en grande partie importée de Russie ; les lins de Belgique et de France, servent pour les fils fins ; il y a quelques-unes de ces manufactures qui emploient jusqu'à mille ouvriers ; j'en ai visité une où l'on m'a tout fait voir avec la plus grande obligeance : c'est un ouvrage fort malsain, car on travaille toujours dans une poussière affreuse.

A Arbroath, il y a une très-belle ruine d'une ancienne abbaye ; le pays situé entre cette ville et Forfar n'est ni beau, ni bon, ni même bien cultivé ; en revanche, celui qui s'étend entre Dundée et Newtile (dix milles), que j'ai traversé sur un chemin de fer fini depuis huit ans, est très-beau, très-bon et très-bien cultivé ; cinq milles plus loin (aussi sur un chemin de fer qui conduit à Cuppar Angus), on jouit, en descendant la côte, d'une vue magnifique sur une vallée pittoresque, mais qui n'est pas très-fertile.

Dundée est un port de mer très-fréquenté et plein de bâtiments ; la ville n'est pas belle, mais a une population de soixante mille âmes. En quittant cette ville, je pris le chemin de fer de Cuppar Angus, qui est fort extraordinaire : on monte d'abord une côte de cinq cents pieds d'élévation, par une pente d'un pied sur douze ; le train est monté au moyen d'un câble long d'un mille, par une machine à vapeur fixée au haut de la côte ; on jouit, en faisant cette ascension, d'une vue admirable sur la ville, le port, la majestueuse rivière et un fort beau pays. Arrivé au haut, on trouve une locomotive qui fait traverser un tunnel fort long, très-bas, où l'on risque d'étouffer par la fumée du coke ; quelques milles plus loin, vous êtes étonné de voir la locomotive vous abandonner et se sauver en toute hâte par un autre chemin de fer ; le train continue cependant sa route par l'impulsion qu'il a reçue, et ensuite par la pente qui l'amène au pied d'une nouvelle hauteur où se trouve une autre machine fixe qui l'attire à elle au moyen d'un câble ; elle vous fait ensuite descendre une longue côte, en vous retenant au moyen du câble ; on arrive ainsi à une bourgade qui s'est formée là depuis l'érection du chemin de fer, et se nomme *Newtyle* ; là, vous entrez dans un wagon attelé d'un cheval, qui vous mène à son petit trot à Cuppar Angus, cinq milles plus loin.

J'ai visité à Newtyle une machine à broyer les os, appartenant à une personne qui en fait le commerce; elle marche au moyen d'une machine à vapeur de la force de neuf chevaux ; elle brise de cent à cent-vingt hectolitres d'os en douze heures ; les os entiers coûtent maintenant de 140 à 150 fr. les mille kilog. ; il y a trois paires de cylindres à pointes d'acier fin, mais de différentes dimensions, qui sont placés les uns au-dessus des autres. Les os, dans leur grandeur naturelle, sont apportés d'en bas par des godets montés sur une chaîne sans fin, qu'on remplit d'os à la pelle et qu'ils déchargent sur la paire de cylindres dentés, la plus élevée et la plus grande; tous les os, après avoir été brisés, tombent sur les cylindres moyens, et de là, sur les plus petits, d'où ils tombent dans un grand cylindre en tôle, qui est percé de trous de différentes grandeurs, de manière à séparer la poussière d'os des os broyés de la grandeur de six lignes carrées, enfin de ceux qui ne sont pas assez brisés et qui repassent jusqu'à ce qu'ils soient assez réduits : la même machine sert pour faire de la poussière de tourteaux de colza, pour amender la terre, engrais qu'on emploie beaucoup dans plusieurs parties de l'Écosse.

J'ai vu hier sur le chemin de Dundée à Arbroath, sur une hauteur, vis-à-vis l'embouchure de la rivière, une colonne qui a été érigée par les fermiers de lord Paumure, en son honneur, car il est non-seulement très-bon propriétaire, mais encore très-bon cultivateur et très-zélé pour toutes les améliorations agricoles ; il donne chaque année de fortes sommes comme primes.

Exploitation de M. Watson.

Le 19 septembre, au matin, je fus à Keylor, près Newtyle, et je me présentai chez M. Watson pour lequel lord Spencer m'avait donné une lettre, en me disant que c'était un des meilleurs cultivateurs d'Écosse ; je le trouvai dans ses champs occupé à faire rentrer de l'avoine ; je venais de traverser une partie de deux de ses fermes et avais admiré ses récoltes, ainsi que ses Leicester et vaches noires sans cornes, de l'espèce d'Angus. Il cultive quatre fermes dont les deux premières sont en bonnes terres, la troisième, qui est près de l'habitation de son propriétaire lord Wharnelif, a cinquante hectares de vieux herbages, mais les terres y sont peu fertiles et sablonneuses, quoique, dans le fond de la vallée ; ces trois fermes forment trois cent soixante-quinze hectares, dont il paie 75 fr. l'un : une des trois dont son père était le fermier, il y a soixante-quinze ans, pour 3,750 fr., lui coûte maintenant 18,750 fr. Il est au moment de finir son premier bail ; auparavant, il dirigeait la culture

de son père qui était fort âgé. On vient de lui renouveler son bail pour vingt-un ans, avec une petite augmentation ; mais il fait de grandes améliorations : il
vient de faire établir un cours d'eau souterrain, pour
emmener les eaux provenant de ses rigoles couvertes,
et qui a coûté tout seul 5,000 fr. ; il rebâtit une des
fermes à neuf, amène tous les matériaux, fait les avances, et aura, pendant cinq ans, 5,000 fr. de moins à
payer, afin de se rembourser de ses avances ; il a commencé par bâtir une fort belle grange dans laquelle se
trouve une machine à battre mue par une machine à vapeur de la force de six chevaux : celle-ci coûte 3,125 fr.,
y compris la pose, et la machine à battre avec ses
deux tarares et une machine qui monte les sacs pleins
au grenier, coûte aussi 3,125 fr. : elle emploie un
homme à chauffer, un à nourrir la machine à battre,
et un à ôter le grain de dessous les tarares , huit femmes pour délier, approcher les gerbes, emporter et
entasser les pailles dans la grange, à côté : car on
ne bat qu'un jour par semaine, afin d'avoir de la
paille fraîche pour les bestiaux. Les frais de battage
pour une journée sont :   fr. c.

Les trois hommes. 7 50
Les huit femmes. 6 70
L'huile pour les rouages   80
Intérêt du capital et usure des machines . 10 »
Deux mille kilog. de charbon. . . . . . . 25 »

Total . . . . 50 »

La machine marche pendant dix heures et bat, pendant ce temps, en orge ou avoine, cent soixante-quinze hectolitres qui coûtent par conséquent 29 centimes l'hectolitre. Le grain est, en sortant de la machine, assez propre pour être vendu ou même semé; il ne reste rien dans la paille.

La grange, sur laquelle il y a de beaux greniers, coûte 12,500 fr. : on voit par là que les dépenses faites par M. Watson dépasseront de beaucoup les 25,000 fr. que lui alloue son propriétaire.

Sa quatrième ferme n'est ni bâtie ni cultivée ; elle se compose de trois cents hectares de mauvais pâturages de montagne, pour lesquels il paie 1,875 fr. Je n'ai encore rien vu de plus mauvais, au moins pour les trois quarts : moitié environ du pâturage n'offre qu'une petite bruyère noire, sans herbe, et un quart garni d'herbes de mauvaise qualité, de joncs et de mousse, est fort humide, malgré les rigoles ouvertes qu'on y a faites ; un quart seulement offre un pâturage passable, boisé, garni d'ajoncs et de genêts. Ce mauvais terrain lui nourrit, pendant onze mois de l'année, cinq cents brebis fort belles, de l'espèce Southdown. J'ai parcouru et bien examiné ce mauvais pâturage, et ne conçois pas comment cette excellente espèce de bêtes à laine peut vivre et réussir dessus, sans autre secours que des turneps pendant un mois, avant l'agnelage : assurément, la plus grande partie des bruyères de Sologne sont meilleures que celles-là. Les brebis de réforme, qu'on engraisse, pèsent de soixante à soixante-dix livres anglaises ; les moutons qu'on vend âgés de seize mois au boucher, sont élevés, après le sevrage, dans les bonnes fermes, et engraissés aux turneps ; leur toison pèse, lavée à dos, six livres, et a été vendue, cette année, 9 fr. 60 c., la laine étant pour rien.

La laine de brebis se vend 10 c. de moins par livre ; les moutons ou, pour bien dire, les antenois, car ils n'ont que seize mois quand on les vend au boucher, ont été payés, cette année, 33 fr. 75 c. ; les brebis âgées de cinq ans se vendent 40 fr.

On donne aux trois cents plus belles brebis South-down des béliers de même race pour continuer la souche de ce troupeau ; aux deux cents restant, on donne des béliers Leicester dont on vend les produits à seize mois, tant mâles que femelles : cette année, leur prix a été de 40 fr. ; leurs toisons, qui pesaient huit livres, se sont vendues à raison de 1 fr. 70 c. la livre.

M. Watson a aussi un troupeau Leicester, dont les brebis sont au nombre de deux cents ; elles donnent cinq livres de laine, vendue cette année 1 fr. 30 c. ou 6 fr. 50 c. la toison. Les antenois, qui tous n'ont pas été tondus, étant agneaux, donnent huit livres de laine qui s'est vendue 1 fr. 50 c. ; les antenois mâles de ce troupeau se vendent habituellement à l'âge de seize mois de 40 à 45 fr., les brebis de décharge étant grasses, 50 fr.

M. Watson vient de vendre, il y a quelques jours,

trente béliers antenois pour la Nouvelle-Hollande , au prix de 250 fr. la pièce : il lui est arrivé de vendre des béliers jusqu'à 1,250 fr. ; la laine est belle. Il a ordinairement de quinze à seize cents bêtes à laine , trois cents bêtes bovines de l'espèce nommée *Angus* , qui est de couleur noire et sans cornes , et une quarantaine de chevaux d'une belle et forte espèce.

Il achète beaucoup de boues de rue à Dundée , qui arrivent par le chemin de fer à un et deux milles de ses fermes ; il paie chaque wagon de cet engrais rendu à Newtyle 12 fr. 50 c., il pèse quinze cents kilog.; il le mêle avec le fumier de ses bestiaux à raison d'un tiers : cela, un mois avant de l'employer, et il le recoupe quinze jours après la mise en tas ; il trouve que ce mélange améliore beaucoup ses terres; il faut observer que les habitants pauvres de cette ville jettent tous les jours dans la rue leurs cendres, ainsi que leurs balayures et autres ordures, n'ayant pas de commodités.

M. Watson employait beaucoup d'os, il y a vingt ans, et a été le premier à s'en servir dans ce pays, après avoir fait un voyage dans le comté de Lincoln où l'on a commencé à connaître le mérite de cet engrais, il y a plus de quarante ans : mais les fermiers tâchaient d'en garder le secret pour eux. M. Watson, après avoir essayé pendant deux ans cet engrais avec le plus grand succès, publia une petite brochure afin que ses compatriotes pussent profiter de cette découverte ; quelques années après, les fermiers des comtés voisins lui décernèrent une belle coupe en argent, pour lui en témoigner leur reconnaissance.

Il a singulièrement amélioré l'espèce de bêtes bovines de ce pays : elle est maintenant fort belle, assez rustique et prenant fort bien la graisse : à quatre ans, un bon bœuf gras pèse de huit cents à mille livres, d'une viande excellente et fort recherchée par les bouchers de Londres. Il a une vingtaine de vaches auxquelles il fait adopter un second veau au moment où elles viennent de véler ; au bout de trois mois, on sèvre ces deux veaux et l'on en donne deux autres à la vache : ces élèves sont très-beaux.

Il a aussi vingt petites vaches de montagne qui ont coûté de 75 à 100 fr. la pièce ; il leur a donné un taureau courtes cornes et les tient dans de mauvais pâturages trop maigres pour les autres vaches ; il vient seulement d'adopter ce croisement, après en avoir vu les heureux résultats chez plusieurs autres bons cultivateurs ; il est étonnant de voir si bien réussir les croisements d'un si gros mâle avec de si petites femelles, mais on ne peut aller contre les faits.

Dans le temps où il employait beaucoup d'os, il les payait de 50 à 60 fr., maintenant, ils valent de 140 à 150 fr. ; il en mettait alors jusqu'à deux mille kilog. par hectare, maintenant, il n'en met plus que onze hectolitres pour ses turneps, encore n'en emploie-t-il qu'une petite quantité, les engrais de ville venant à son secours au moyen du chemin de fer.

Il a un fort beau rouleau, d'un grand diamètre,

fait avec des madriers, au-dessus duquel est une caisse dans laquelle il met le poids qu'il veut en pierres : de cette manière le même rouleau est bon pour toutes les occasions, ce qui n'est pas une petite économie, car les rouleaux en fonte coûtent fort cher, et il en faut trois : il a encore l'avantage du grand diamètre.

Son assolement est de cinq ans ; il n'a presque pas de froment, car depuis quatre ou cinq ans il ne mûrit pas bien. C'est son père qui a introduit la méthode de payer les moissonneurs à la gerbe : cela s'est répandu dans les comtés voisins ; il paie 30 centimes pour deux douzaines ; l'homme qui surveille l'ouvrage tient à la main une espèce de fourche qui lui sert de jauge pour l'épaisseur des gerbes. D'après cet usage, un père de famille vient moissonner avec tout son monde : les enfants de dix ans même peuvent y prendre part ; la mère y arrive quand il lui plaît, après avoir fait son ménage.

M. Watson n'a pas voulu introduire la faulx pour la moisson, afin de ne pas priver une bonne partie de ses ouvriers de cet ouvrage plus profitable que tous les autres. Il m'a dit que trois bonnes faucilleuses coupaient cinquante ares par jour : cependant, ses grains sont excessivement épais et très-hauts : il y avait un moissonneur aveugle qui faisait sa besogne assez bien, pour que sa femme, qui le suivait, n'eût pas grand'chose à rectifier ; il avait cent vingt-cinq ouvriers dans le même champ ; ils se rangent par familles et prennent une ou plusieurs planches, suivant leur nombre.

Dans ce pays, on lie de suite après avoir coupé, quoique la paille soit pleine de l'herbe qu'on a semée dans la céréale, et que cette herbe, à cause de l'humidité du climat, ait un pied et plus de hauteur ; les gerbes n'ont qu'environ huit pouces de diamètre ; on les range en deux rangs de cinq chacun et debout, et les deux qu'on met dessus, en guise de toiture, complètent la douzaine ; elles restent ainsi une quinzaine quand le temps est favorable, c'est-à-dire, pas trop mauvais, et quelquefois deux mois. L'année dernière, M. Watson n'a pu achever sa moisson qu'en décembre ; presque tout était gâté, grain et paille, et la récolte était de toute beauté ; il m'a dit avoir perdu plus de 25,000 fr. par ces contre-temps.

M. Watson a été un des premiers souscripteurs du chemin de fer de Dundée à Newtyle, cela, pour la somme de 37,500 fr., qui ne lui rend point d'intérêt, ce dont il prend facilement son parti, tant ce chemin lui rend de services en lui amenant les engrais et en conduisant ses denrées au port de Dundée.

Son troupeau Leicester est fort beau, quoiqu'il n'ait pas des pâturages bien merveilleux : mais on cultive, pour terminer l'engraissement, cent hectares de turneps, sans compter les pommes de terre dont on fait grand cas.

Le produit moyen de ses orges et avoines est de trente-cinq hectolitres : mais il aura, cette année, cinquante-six hectolitres d'avoine dans un champ qui vient d'être rompu après quatre ans de pâturage, et il en a eu quelquefois jusqu'à cent hectolitres en très-bonnes terres, après pâturage.

Il m'a dit que ses brebis Southdown sont, depuis vingt-cinq ans, sur la montagne qui les nourrit onze mois sur douze, et que, loin d'avoir dégénéré en taille ou en finesse de laine, le troupeau avait gagné sous les deux rapports. Comme il avait remarqué, dans les commencements, que ses brebis broutaient les ajoncs en hiver, il en a alors fait semer, qui sont bien venus et qui soutiennent très-bien son troupeau, même par les plus fortes neiges et dans les hivers les plus rigoureux. Il y a deux ans, l'hiver a été très-long et les neiges très-hautes, il avait le soin d'envoyer une couple d'hommes pour secouer les ajoncs, afin d'en faire tomber la neige, et son troupeau n'a perdu que quelques bêtes, sans avoir eu d'autre nourriture que ce qu'il trouvait dans le pâturage, tandis qu'un troupeau de quatre cents bêtes, têtes noires, moutons du pays, qu'un de ses voisins avait acheté dans les montagnes pour l'hiverner, perdit trois cents bêtes par défaut de nourriture; car ces moutons, n'étant pas habitués aux ajoncs, ne les broutaient pas, et la neige était trop haute pour qu'ils pussent trouver l'herbe ou la petite bruyère noire.

M. Watson m'a dit qu'un bon fermier bien placé doit compter sur un intérêt de 7 pour %, au moins, de son capital, cela, après que la dépense de la famille a été payée.

Sa moisson lui revient, année commune, à 30 fr. par hectare qui lui donne de quatre-vingts à cent doubles douzaines. Il sème deux cent quatre-vingt-un litres de froment à l'hectare, et jusqu'à quatre hectolitres vingt litres d'orge et d'avoine : c'est énorme. Ses laboureurs ou ouvriers à l'année, qui sont mariés, ont une vache pour deux : ils ont tous, deux livres de farine d'avoine par jour, et l'on donne à ceux qui sont garçons quatre litres et demi de lait, comme il vient de la vache ; ils font bouillir le lait et y versent la farine d'avoine en le retirant du feu ; ils ont 300 fr. en argent. La semaine d'un journalier est de 12 fr. 50 c., et celle d'une femme, 5 fr.

Il fait de douze à quinze cents tombereaux de fumier par an, et en achète de cinq à six cents à Dundée, qui lui reviennent à 12 fr. rendus dans le champ. Il m'a dit qu'il y avait de la marne sur les lieux, mais qu'on ne s'en servait pas, apparemment parce qu'on en avait abusé anciennement ; il n'est pas d'avis qu'on chaule par petites doses et qu'on recommence souvent ; il n'y revient que tous les vingt ans et en met quatre-vingt-cinq hectolitres par hectare : cette chaux vient par mer du comté de Northumberland.

M. Watson vend tous les ans de quatre à six chevaux de luxe qu'il a élevés et fait dresser, ayant un homme pour cela ; ils lui produisent de 40 à 80 et même 100 livres sterlings de 25 fr. ; cependant, il m'a dit qu'il avait de plus grands bénéfices à élever des bêtes bovines ou ovines. Son groom est depuis vingt

ans chez lui, de manière qu'il lui accorde la permission de dresser des chevaux pour des propriétaires
voisins : il lui faut ordinairement trois semaines ou
un mois pour un cheval ordinaire, et cela lui rapporte 50 fr.

Il m'a dit qu'il y avait une banque dans chaque
petite ville : mais il faut, pour obtenir un prêt, deux
bonnes signatures.

Les fermages sont, dans ce pays, ordinairement
fixés à une certaine quantité de mesures de grains,
dont le tiers en froment, l'autre en orge, et le troisième en avoine : ces trois mesures de grains, qui,
dans ce pays, sont chacune de deux cent dix litres,
sont évaluées à une valeur moyenne, par exemple,
à 90 fr. : si le prix moyen de l'année est, pour ces trois
mesures, plus élevé que 90 fr., le fermier ne paie que
90 fr., car la récolte est supposée devoir être mauvaise ; si, au contraire, il est moindre, le fermier
paie suivant le cours.

M. Watson a eu d'un premier lit un fils qui est
âgé de trente ans ; après en avoir fait un bon cultivateur, il le plaça comme régisseur dans le Haut-Ca-
nada : mais, au bout de six ou sept ans, ayant appris
que la Nouvelle-Hollande offrait des bien plus grands
avantages à des colons intelligents, il le fit revenir
et l'engagea à s'y rendre. Pendant qu'il s'occupait à
l'équiper pour ce voyage de long cours, plusieurs
familles de ce pays résolurent d'envoyer leurs fils
en Australie pour y former un grand établissement

agricole ; elles réunirent un capital de 1,750,000 fr.
qu'elles mirent, ainsi qu'une dizaine de jeunes gens,
sous la direction de M. Watson le fils : il y a deux
ans qu'ils sont dans ce pays ; ils ont commencé par
acheter sept mille bêtes à cornes provenant de l'héri-
tage d'un condamné à la déportation, qui avait fait
une fortune immense ; ils les payèrent 375,000 fr.:
ils ajoutèrent à cela vingt mille moutons, enfin, ils
mandent que leur capital, dont la partie restée dis-
ponible est employée en opérations de banque, leur
rend un intérêt de 10 pour % ; leur immense bétail
est nourri sur les terres du gouvernement dont ils
paient un fort petit loyer : ils y trouvent plus d'avantages que d'acheter les terres à raison de 50 francs
l'hectare. M. Watson le fils se trouve dans une fort
belle passe, puisqu'il a la moitié des bénéfices restant
après que l'intérêt du capital à 5 pour % a été payé.

Beaucoup de jeunes gens, même de très-bonne famille, vont dans ce pays pour y faire fortune, car,
les aînés, ayant presque toute la fortune de leur père,
les cadets sont obligés de travailler à se créer une
existence.

M. Watson a deux jeunes gens de bonne famille à
qui il enseigne l'agriculture ; il met ce service à un
très-haut prix afin de ne pas avoir trop de demandes,
tant sa réputation de bon agriculteur est bien établie.
Ces Messieurs lui ont donné, la première année, chacun 7,500 fr., et 5,000 fr., les années suivantes.
Mme Watson est encore une fort belle personne, quoi-

qu'elle soit mère de neuf enfants tous vivants et bien portants, et dont les deux derniers sont de charmantes petites jumelles.

Leur habitation est simple, mais fort jolie; il l'a beaucoup augmentée à ses frais, entre autres d'une fort jolie serre qui a une entrée dans son salon. Je passai deux jours avec cette famille aimable et bonne : le second étant un dimanche, je ne vis pas les enfants hors de la maison, et le soir, quand, après le dîner, nous rentrâmes au salon, la mère lisait la bible, étant entourée de ses filles. Il y a deux jolis poneys pour les enfants. Madame me dit qu'elle avait une société fort agréable dans ses environs et qu'elle n'avait aucun désir d'habiter la ville.

Le lundi 21 septembre, avant qu'on fût levé chez M. Watson, je partis pour Cuppar-Angus, dans un fort joli tilbury attelé d'un très-beau cheval qui lui appartenait. Le pays, que je traversai pendant cinq milles, pour me rendre à Cuppar, est très-beau et fort bien cultivé; à l'auberge, je louai un gig avec un fort beau et bon cheval pour me rendre à Dunkeld qui est à quinze milles plus loin encore. En traversant un pays charmant, bien cultivé, riche, je vis un château magnifique, plusieurs charmantes habitations et de fort belles fermes; je déjeunai à Dunkeld en attendant la malle-poste avec laquelle j'ai suivi, pour la troisième fois, la charmante vallée qui conduit de Dunkeld à Blair Athol ; quelques milles plus loin, on entre dans un pays affreux, sans culture : rien que des hauteurs couvertes de bruyères et de tourbières. J'ai fait ainsi trente-deux lieues; cependant, on m'a dit que, pendant la nuit, nous avions traversé quelques beaux vallons, habités et cultivés; nous arrivâmes, à une heure du matin, à Inverness; je descendis dans une fort belle auberge pleine de voyageurs dont bon nombre était encore debout : le lendemain, en me levant, je vis qu'il pleuvait à verse; le bateau à vapeur, qui parcourt le grand canal de Calédonie, était parti la veille et ne devait repartir que plusieurs jours après : je me mis donc à écrire. Je vis ensuite la ville par la pluie et les environs par une éclaircie; le soir, j'admirai beaucoup la position d'Inverness qui est placée dans une riche vallée, sur une belle rivière et près de son embouchure, dans une de ces magnifiques baies dont l'Écosse est parsemée sur toutes ses côtes : j'ai été étonné de la grandeur des travaux faits pour la construction de ce canal si extraordinaire, dans lequel de grands bâtiments de commerce naviguent à pleines voiles.

A deux heures du matin, je pris la malle-poste, seule voiture publique qui parcoure l'extrémité nord de l'Écosse, pour me rendre dans le comté de Southerland qui, quoique d'une grande étendue, appartient presque tout entier au duc de ce nom : il se compose de six cent soixante-neuf mille sept cent soixante hectares dont soixante-douze mille cent quatre-vingt-trois appartiennent à d'autres propriétaires : restent donc cinq cent quatre-vingt-dix-sept mille cinq cent soixante-dix-sept hectares au duc dans ce comté , et vingt-cinq mille trois cent soixante-quinze hectares dans le comté de Ross, en tout, une propriété d'un seul tènement de six cent vingt-deux mille neuf cent cinquante-deux hectares : mais , comme tout l'intérieur est un désert affreux, et qu'il n'y a que les côtes qui soient un peu peuplées par vingt-deux mille habitants, cette terre immense et sans pareille, à moins que ce ne soit dans les steppes de la Russie ou dans les forêts de l'Amérique, ne rapporte que 1,000,000 de francs, ce qui forme la cinquième partie du revenu du duc. Lorsqu'il fit jour, je vis que nous parcourions un pays riche et bien cultivé, qui présente de fort belles récoltes de froment ; je vis de belles habitations et leurs parcs; nous suivîmes, pendant presque tout le trajet, les bords de ces belles baies intérieures qui ressemblent à de larges rivières ou à de majestueux lacs : enfin, la voiture s'arrêta et nous fûmes obligés de traverser un de ces bras de mer dans une mauvaise barque, et cela, par un assez mauvais temps; de l'autre côté, nous prîmes une autre voiture : nous venions d'entrer dans le comté de Southerland : le pays devient moins beau et plus pauvre à mesure qu'on avance; bientôt nous vîmes, sur une côte fort élevée, une colonne surmontée d'une statue qu'on me dit être celle du marquis de Stafford, père du présent duc de Southerland. On suit toujours les bords de la mer ou de ces baies : on voit quelquefois de grandes fermes, ensuite beaucoup de chaumières entourées des plus mauvaises bruyères qu'on défriche néanmoins à force, en les épierrant à grands frais : on voit des champs couverts de mauvaises récoltes venues immédiatement après le défrichement, ensuite d'autres champs moins mauvais, étant plus anciens, enfin, d'autres couverts de fort belles avoines ou de turneps et de pommes de terre. Nous traversâmes une petite ville nommée Dornoch, peu de temps après, un bourg nommé Golspie, qui n'est pas éloigné du vieux château de Dun Robin, situé sur un promontoire d'où l'on jouit d'une superbe vue de mer, et qui est entouré de bons pâturages, d'arbres magnifiques et de fort beaux bois.

Exploitation de M. Seller, fermier du duc de Sunderland.

La voiture s'arrêta, pour déjeuner, dans une excellente auberge qui est le tourne-bride du château. Je demandai là à un monsieur, qui déjeunait avec nous, si M. Loch, membre du parlement, qui administre les affaires du duc et pour lequel j'avais une lettre, était au château, il me dit qu'il était absent jusqu'au dîner : mais lui, qui était un des trois régisseurs de la terre, me donna une lettre pour deux des meilleurs fermiers de la propriété, qui ne demeuraient qu'à deux lieues d'où nous étions ; je pris un gig qui me conduisit chez M. Seller ; je le rencontrai à quelque distance de sa maison, à cheval, et allant surveiller ses nombreux moissonneurs ; il eut l'obligeance de retourner avec moi chez lui, me fit rafraîchir, puis nous visitâmes une de ses fermes qui est composée de deux cent vingt-cinq hectares de terres labourables, dont il paie, pour les bonnes terres, 100 fr. l'hectare, et 20 fr. pour les mauvaises qui sont des bruyères très-sablonneuses qu'il a défrichées : il a en outre plusieurs autres fermes de montagne pour les moutons, sans aucune culture. Il paie en tout un loyer de 50,000 fr., et peut nourrir treize mille bêtes à laine de l'espèce des Chéviot, et cent cinquante petits bœufs de montagne qu'il achète à l'âge de deux ans; ils passent un été dans les montagnes avec les moutons, pour consommer ce que ceux-ci dédaignent ou ont de trop, puis ils sont hivernés, dans la ferme qu'il cultive, avec de la paille et des turneps, après quoi ils vont s'engraisser dans le comté de Murray où il a une propriété en terres calcaires et fertiles. Il paie ces petits bœufs de 100 à 150 fr. et les revend de 300 à 375 fr.; il tâche de les égaliser en mettant les plus petits ou moins bons dans des pâturages de choix.

Ses brebis restent dans les montagnes jusqu'à l'âge de cinq ans et les moutons jusqu'à trois ans et demi : ces derniers ont été vendus, cette année, maigres, 37 fr. 50 c., et les brebis 26 fr. 25 c.; les agneaux les moins forts et les bêtes souffrantes sont, après le sevrage, amenés dans la ferme arable, en août, pour consommer en premier lieu des colzas semés exprès au mois de juin, en lignes espacées et fumées comme pour les navets; ils y restent depuis huit ou neuf heures du matin jusqu'à une ou deux, et vont ensuite dans les pâturages des montagnes voisines ; après le colza, ils vont dans les navets de l'espèce nommée *globe*, qu'on sème en assez grande quantité pour les nourrir jusqu'à Noël.

M. Seller a soin de faire semer quatre lignes en turneps ou navets *globe*, ensuite de planter six lignes ou raies en pommes de terre, afin de pouvoir mettre les agneaux sur les turneps aussitôt que les pommes de terre sont arrachées en octobre, et cela, pour qu'il n'y ait que la moitié du produit de la récolte sarclée consommée sur place : quant aux autres champs de turneps, qui doivent être consommés plus tard et qui sont de l'espèce nommée *les jaunes d'Aberdéen*, et à ceux de rutabagas qu'on fait consommer aux mois de mars et d'avril, on a soin d'arracher quatre raies et d'en laisser autant, ainsi de suite, afin que les tombereaux puissent passer sans écraser ceux qui restent sur place ; les racines arrachées et amenées dans la cour de la ferme servent à nourrir les bêtes à cornes et un peu les chevaux.

On compte qu'il faut environ trois hectares de pâturages de montagne pour nourrir une bête à laine, quand on ne lui donne aucune autre nourriture, à moins d'une trop forte neige. On a soin d'oindre les bêtes à laine, en octobre, avec un mélange de moitié beurre et moitié goudron, afin d'empêcher que ces pauvres moutons, qui n'ont aucune espèce d'abri, souffrent trop de l'humidité et des mauvais temps continuels dans ce pays. Il y a un berger pour cinq cents bêtes ; M. Seller partage ses brebis en cinq lots qu'on appareille autant que possible pour la taille , les formes et la laine , et on a soin de leur donner les béliers qui conviennent le mieux pour perfectionner les qualités et corriger les parties défectueuses ; il y a un petit lot des brebis de premier choix, auxquelles on donne les plus beaux béliers : c'est dans leurs produits mâles qu'on choisit les jeunes béliers.

On achète de temps en temps des béliers dans le Northumberland , quoiqu'on assure ici que ceux qui viennent des frontières de l'Angleterre et de l'Écosse ne sont pas aussi beaux que ceux de ce pays, mais on fait cela pour éviter, qu'en prenant toujours des béliers dans le troupeau , l'espèce ne finisse par s'affaiblir et en souffrir. M. Seller a acheté, cette année, quatre fort beaux béliers qui lui ont coûté ensemble 750 fr., et il en a vendu trente-huit des siens dans le prix de 100 à 125 fr.

Son assolement est de quatre ans , chaque sole de cinquante-six hectares : la première année, en *colza*, *turneps* et *pommes de terre*; deuxième, *orge*; troisième, *herbage*, *trèfle rouge*, *blanc*, et *lupuline*; quatrième, *avoine*. Il ne fait presque point de froment qui ne mûrit pas bien ; il met une plus grande quantité de lupuline dans le mélange de graines d'herbage qu'il sème , qu'on ne le fait habituellement; il m'a fait voir que la lupuline était alors en pleine fleur, tandis que les trèfles rouge et blanc étaient en graine.

Il a de seize à dix-huit cents bêtes à laine et de

cent cinquante à cent soixante bêtes à cornes à nourrir avec des turneps : il lui en faut pour cela soixante hectares, et, comme il n'en peut faire que cinquante, il en achète chaque année une dizaine de ses voisins, qu'il paie de 200 à 250 fr. l'hectare, mais on lui fournit un pâturage convenable pour le temps que ses moutons passent dans cette ferme.

Il se procure le plus d'herbes marines possible, et pour cela, il a soin, après une journée de tempête, d'envoyer ses voitures avant le jour, pour peu qu'il fasse assez clair, afin d'en enlever le plus possible avant l'arrivée de ses voisins : on mélange ces herbes avec de la terre, ou du fumier, ou même de la tourbe, et elles s'emploient aussi seules sur les terres et pâturages.

Il a semé des ajoncs dans les parties les plus arides de ses montagnes, sans avoir pioché ou fait des trous : ils fournissent une excellente nourriture à ses moutons quand la neige est arrivée ; à cette époque où la bruyère n'est plus bonne, l'ajonc, au contraire, est plein de jus et fort succulent ; ses bêtes sont souvent enterrées sous la neige pendant plusieurs jours, alors elles vivent en broutant l'ajonc qui leur servait d'abri. Il y a plus de vingt-cinq ans qu'il a remarqué l'utilité des ajoncs pour la nourriture hivernale des bêtes à laine, et en a semé une grande quantité, dont il faisait venir la graine de France : il n'y a cependant que peu de ses voisins qui l'aient imité. Il emploie un bélier pour cinquante brebis.

Il n'a vendu ses laines, cette année, que 80 c. la livre; l'année dernière, il en a eu 1 fr., il l'a vendue une fois 2 fr. 50 c. : il compte cinq livres de laine lavée à dos, comme un produit moyen sur un troupeau : on ne tond pas les agneaux.

M. Seller a été prié par la société d'agriculture d'Écosse, il y a dix ans, de faire un rapport sur la manière d'administrer les fermes à moutons du comté de Southerland : il l'a fait, et la société, qui s'est formée en Angleterre pour répandre les connaissances utiles, a fait imprimer ce rapport dont M. Seller a eu la bonté de me donner deux numéros. M. Seller a sur de mauvais sables, anciennement en bruyères, des turneps magnifiques, mais cela, après avoir bien fumé et avoir mis en outre sept hectolitres et demi de poussière d'os pour cinquante ares. C'est lui qui a construit tous les murs de clôture qui entourent ses champs, ils ont cinq pieds de hauteur, et encore est-on obligé d'ôter la terre qui est près du pied du mur afin que les moutons ne puissent pas le franchir.

Exploitation de MM. Hall.

Je me rendis, le lendemain matin, chez M. James Loch, intendant-général du duc, pour qui j'avais apporté une lettre de la part du duc de Norfolk ; il m'engagea à déjeuner avec sa famille, composée de Mme Loch, femme encore très-agréable, de sa fille qui est très-jolie, parle le français et l'italien, et apprend l'allemand, de six fils, dont l'aîné est négociant à Liverpool, le second, employé de la compagnie des Indes-Orientales, le troisième, capitaine de frégate, actuellement chez son père, le quatrième, avocat à Londres, et les deux plus jeunes au collége. Après déjeuner, il fit atteler et me conduisit à la ferme de Scyberscross, à environ quatre lieues, chez MM. Hall, trois frères, dont le père est venu dans ce pays, comme berger, avec un des premiers troupeaux de Chéviot. Il a fini par prendre une ferme de montagne qu'il a laissée avec une jolie fortune à ses fils. M. Loch m'avait amené chez eux en me disant que j'y verrais le plus beau troupeau du comté de Southerland.

Effectivement, je vis de fort belles bêtes, quoique le pays me parût des plus mauvais, à peu d'exceptions près. Ces Messieurs attribuent le perfectionnement de l'espèce des Chéviot à une plante, espèce de carex qui croît de bonne heure dans les plaines tourbeuses dont est couverte une bonne partie de cet affreux pays : étant curieux de voir cette plante si utile, nous gravîmes une côte et je vis une plaine fort étendue, désolée, où l'on ne trouve qu'un fonds tourbeux, couvert de petites mares d'eau, dont les seuls produits étaient de la bruyère noire clair-semée, et des espèces de lèches et carex, parmi lesquelles ces Messieurs me montrèrent leur *cotton grass*. Ils me dirent que, pour leurs moutons, l'hiver est toujours un temps bien difficile à passer, dans un climat aussi humide et aussi froid, car il y a trois ans que tous les bâtiments de la ferme étaient couverts par un amas de neige rassemblée par le vent; les bêtes à laine retournent en mars ou avril dans ces plaines élevées où elles trouvent une herbe dont la pointe est dure et dédaignée par elles, mais dont la tige, qui est encore en terre, est blanche, tendre et succulente; elles arrachent cette plante en la pinçant et la tirant à elles, et la dévorent avec avidité : cela les remet, en peu de temps, en bon état, après les avoir d'abord purgées, ce qui paraît leur être nécessaire après une nourriture de bruyères et autres mauvaises plantes qui les échauffent et les constipent; les marais tourbeux ne causent pas la pourriture aux bêtes à laine, mais on a grand soin d'assainir les autres pâturages, en y faisant des rigoles ouvertes qui ont en général un pied de largeur et autant de profondeur; l'eau stagnante est seule à craindre pour les moutons qu'on laisse pâturer dans des endroits où l'eau courante couvre tout le terrain ; on ne craint nullement de les mouiller, car, pour me faire voir des béliers, on leur fit traverser une rivière où ils avaient de l'eau jusqu'à mi-corps.

Le fond des vallées, qui est en partie couvert de petits lacs ou de rivières, est ordinairement fauché ; on conserve ce foin, qui m'a paru très-grossier, pour les hivers rigoureux, car on n'en aurait pas assez pour en donner un peu à toutes les bêtes chaque hiver : mais celles qui, dans ces mauvais moments, se trouvent souffrantes ou plus faibles, sont séparées des autres et un peu affourragées.

MM. Hall qui, comme presque tous les fermiers de montagne, n'ont pas de culture, par conséquent ni turneps, ni paille, louent, sur la côte où se trouvent les fermes cultivées, des champs de turneps sur lesquels ils envoient tous leurs agneaux mâles afin de les élever en taille, ainsi que les bêtes du troupeau qui sont en mauvais état et ne pourraient pas supporter l'hiver sans une bonne nourriture ; ils paient un hectare de bons turneps et le pâturage nécessaire aux bêtes pendant près de six mois, que dure l'hiver, 200 et même 300 fr. : on évite autant que possible de mettre les agnelles aux turneps, car, devant passer cinq ans sur la montagne, cette bonne nourriture d'un hiver les rendrait plus difficiles pour celle qu'elles trouveraient dans leurs déserts.

On sépare les bêtes d'une nature et d'un âge différents ; les agneaux et ensuite les moutons ont les meilleurs pâturages. Je ne revenais pas de mon étonnement, en parcourant ces affreuses montagnes et ces maigres pâturages, de les voir couverts de si belles bêtes qui donnent cinq livres d'une laine assez belle et longue, des moutons qui, à trois ans et demi, sans avoir mangé autre chose que ce qui se trouve dans ces déserts, pèsent vivants deux cents livres anglaises, ainsi que des brebis qui, à cinq ans et avec la même nourriture, sont grasses et pèsent de soixante à soixante-dix et même quatre-vingt-dix livres : les premiers se sont vendus, cette année, 40 fr., et les brebis de réforme 28 fr. 75 c., quoique maigres. Ce que j'ai vu dans cette journée me persuade plus que jamais que l'espèce de bêtes à laine, nommée Chéviot, est une race du plus grand mérite, puisqu'elle vit et prospère sur des terres et sous un climat abominables, et cela, sans qu'on ajoute aucune nourriture étrangère à celle de ces déserts qui m'ont paru très-inférieurs à la Sologne et à d'autres mauvaises parties de la France que j'ai vues. Le gouvernement devrait importer une centaine d'antenoises et une vingtaine de béliers pareils, avec lesquels on ferait des croisements : les premières coûteraient sur les lieux de 35 à 40 fr., et les béliers de 100 à 125 fr. ; leur transport par bateau à vapeur, jusqu'à Londres, coûterait 6 fr. 25 c. par tête ; le prix serait, je crois, moins élevé de Londres au Hâvre ou à Nantes, de manière qu'une dépense de 8,000 fr. suffirait pour rendre à la France un service signalé. Un bon berger marié coûte, dans ce pays où ils sont continuellement et par tous les temps à parcourir les montagnes, de 800 à 1,000 fr., tout compris ; un garçon, 375 fr. et sa nourriture.

Dans cette ferme, où l'on a de quatre mille cinq cents à cinq mille bêtes, on rentre de cent vingt à cent cinquante mille livres de foin ; il y a des années où il s'en consomme très-peu, et d'autres où il en faut beaucoup. Faute de paille, ces fermes sans culture n'ont pas de bêtes à cornes. Ce qui rend de grands services à ces fermes de montagne, ce sont des taillis rabougris de bouleaux qu'on y rencontre de temps en temps, car ce sont les seuls arbres que les moutons épargnent. C'est dans ces taillis de bouleaux que les pauvres moutons trouvent le seul abri qui existe dans ces déserts. Le quart des brebis de MM. Hall donnent deux agneaux chacune et les amènent à bien quand on les met sur de bons pâturages.

C'est à sir John Sainclair que le nord de l'Écosse est redevable de l'introduction des Chéviot : il y a une quarantaine d'années qu'il en importa un troupeau dans le comté de Kaythness, à l'extrémité nord de l'Écosse, où il habitait : cela ne lui a pas réussi, parce que, dans ce temps, le pays était plein de renards, chats sauvages, putois, fouines, aigles et autres oiseaux de proie qui dévoraient les agneaux : mais les fermiers qui en souffraient beaucoup, se sont associés pour employer tous les moyens possibles de destruction, et ils y ont mis tant de suite et de persévérance qu'il reste maintenant fort peu de ces animaux destructeurs dans le pays.

Une autre cause s'opposait au succès des premières fermes à moutons, c'étaient les vols continuels faits par les habitants des vallées de l'intérieur, espèce de sauvages qui venaient enlever les moutons pour les manger : on les amena un peu, bon gré malgré, à se fixer sur les côtes, espérant en faire des pêcheurs, mais cela ne leur a pas plu : ils s'adonnent bien à la pêche des harengs ordinairement très-abondants sur ces côtes, mais ensuite ils retournent à leurs champs, c'est-à-dire, à des défrichements de bruyères abominables, ou de tourbières pleines de pierres et de roches; leurs travaux assidus et intelligents en font à la longue de bonnes terres, à l'aide des herbes marines : l'hectare, une fois en produit, est payé par eux 2 fr. 50 c. de loyer, car ils ont fait de rien quelque chose; on leur a payé la valeur des bois employés à leurs anciennes habitations, et on leur a donné celui qui était nécessaire aux nouvelles constructions qu'ils ont érigées ; ils ont en général l'air de bien faire : les fils vont travailler en Angleterre et en rapportent de l'argent ou en envoient à leurs parents. Ils avaient de meilleures terres dans l'intérieur, mais des gelées précoces, causées par l'élévation du climat, leur faisaient beaucoup de mal en détruisant l'avoine ou les pommes de terre qui devaient les faire vivre ; M. Loch m'a assuré que souvent ils étaient forcés de saigner leurs malheureuses vaches pour se sustenter avec ce sang. Ce pays est rempli de gibier de toute espèce : de cerfs, lièvres, perdrix, faisans, et surtout de plusieurs espèces de coqs de bruyères, qu'on voit posés de tous côtés sur les gerbes et à demi-portée de fusil, comme les poules qui entourent les fermes : il y a un fameux tireur qui en a tué plus de deux cents, cette année, dans une journée.

Mme la duchesse, ayant appris que j'étais dans ce pays, eut la bonté de m'inviter à dîner : il y avait une société nombreuse ce soir là : j'y vis son beau-frère lord Edgerton, à qui appartient le fameux canal de Bridgewater qui lui rapporte 2,500,000 fr. par an, son frère, un des fils du comte de Carlisle, un de ses cousins M. d'Harcourt, fils de l'archevêque d'Yorck, M. Loch, ses fils et des employés ou fermiers, dont l'un, le major Gilcrist est aussi grand propriétaire dans ce pays, et sa fille aînée qui parlait fort bien l'allemand et entendait le français et l'italien. Le duc et la duchesse furent, on ne peut plus aimables pour moi; j'étais placé à côté de la duchesse qui est la femme la plus agréable et la plus aimable qu'on puisse voir; elle a trois filles et autant de fils, dont l'aîné est un beau garçon de treize ans, à qui le costume de montagnard écossais allait fort bien; il y avait aussi plusieurs domestiques qui le portaient. La duchesse, fort belle personne, a plutôt l'air d'être la sœur aînée de ses filles, elle s'occupait de tout le monde et n'oubliait pas le plus humble de ses fermiers; elle est très-active et fait tous les jours de grandes promenades à cheval, en voiture ou en bateau : on m'a dit que c'était la famille qui menait le plus grand train en Angleterre. C'était la première fois, depuis la mort de la mère du duc, qui était de son chef dame du comté de Southerland, que la famille venait dans ce pays. Ils ont fait le tour de leur immense propriété, sont descendus, dans ce voyage, chez les grands fermiers, et ont été charmants pour tout le monde; la duchesse est très-bienfaisante, et le duc un excellent propriétaire pour ses fermiers; il leur donne aussi de bons exemples en faisant cultiver une grande ferme où il y a de bonnes terres, d'excellents pâturages et de belles vaches de montagne, qui existent, je pense, dans toute l'Écosse.

On a eu la bonté de faire venir le bétail de choix près du château pour me le faire voir : il y avait une quarantaine de vaches et génisses, de couleur noire, qui étaient de toute beauté, ainsi que plusieurs bœufs gras que je reverrai au concours d'Aberdéen : cela ne faisait guère que le tiers des bestiaux de la ferme dans laquelle on ne tient pas de moutons.

Le duc fait faire dans ses terres, en Angleterre, les assainissements par un ingénieur habitué à cela, et ses fermiers en paient l'intérêt; il entretient, depuis cinq ans, plusieurs attelages de bœufs qu'il prête à ses fermiers pour qu'ils puissent défoncer le sous-sol.

Depuis que sa terre de Southerland a été presque toute mise en fermes à moutons, elle a plus que décuplé de revenus, et les fermiers y ont fait fortune. On fait dans la ferme du duc des défrichements de bruyères, dans lesquels j'ai vu de très-belles récoltes, bien que le défrichement ne datât que de deux ans : mais on met deux cent quatre-vingts hectolitres de chaux par hectare, et on y revient avec une nouvelle dose six ou huit ans après, les herbes marines et le fumier faisant le reste.

J'ai vu des plantations de pins faites depuis plusieurs années dans un sol très-mauvais et humide, mais qu'on a couvert de rigoles ouvertes de desséchement ; ces plantations souffraient ; j'ai fini par remarquer dans un fossé, à un pied ou deux de profondeur, une couche dure et imperméable, quoique peu épaisse , de sable ferrugineux , semblable à celui qui, dans la Campine, empêchait les arbres verts de réussir, avant qu'il n'eût été brisé et détruit par le défoncement. Le fils de M. Loch, qui est officier de marine, a été aux Indes-Orientales et en est revenu par l'Égypte ; il a été long-temps dans la Méditerranée, ensuite dans l'Amérique du sud qu'il a traversée à cheval, porteur de dépêches pour le gouvernement anglais : c'est à cette époque qu'il fut attaqué et pillé par des sauvages , et il dut penser que c'était par ordre de Rosas, car, par la suite, il recouvrit ses effets, mais non les dépêches ; il a été en Chili, en Californie, etc., et cependant il est encore jeune.

J'ai causé avec un journalier du château , qui gagne 1 fr. 80 c. par jour, mais n'est pas constamment employé.

Exploitation de M. Craig.

Le 25 septembre, après avoir admiré le magnifique troupeau de vaches *West-Highland*, qui fait l'ornement de la ferme du duc de Southerland, je suis allé chez M. Alexandre Craig qui cultive une belle ferme du duc, située à trois milles de Golspie, sur la route d'Inverness : cet excellent homme, beau-frère de M. Seller, me reçut très-bien ; il est garçon et vit avec deux de ses sœurs , âgées, il est vrai, mais très-bonnes personnes ; elles m'ont fait faire un bon dîner et ne voulaient pas que je retournasse coucher à Golspie.

M. Craig est un excellent cultivateur qui se tient
au courant de tous les perfectionnements agricoles ;
il achète les nouveaux instruments qui ont de l'ave-
nir et fait hâcher tout le foin consommé dans sa ferme.
La ration de ses chevaux était de trente livres, maintenant que le foin est hâché, il ne leur en donne plus
que seize ; ils n'ont du foin que lorsqu'ils ont consommé toute la paille d'avoine, les autres pailles étant
destinées aux bêtes bovines.

En hiver, on donne aux chevaux, pour remplacer
l'avoine du soir, une soupe faite avec des rutabagas,
des pommes de terre, des grains de rebut, des balles
et un peu de sel.

Il a cent bêtes bovines de l'espèce Galloway, de
couleur noire et sans cornes ; elles sont très-belles
et m'ont paru plus grandes que dans leur propre pays ;
il vend ses bœufs gras en mars, à Londres, à l'âge
de quatre ans et du poids de six à sept cents livres,
leur transport par bateau à vapeur lui coûte 50 fr.
et 12 fr. de commission pour la vente ; il les vend
généralement 20 livres sterlings ou 500 fr.

Il engraisse ordinairement vingt bœufs qui, ayant
été bien préparés sur un bon pâturage, sont mis à l'é-
table à la mi-octobre et vendus à la fin de mars , et
nourris avec des turneps et du foin, excepté le dernier
mois où il leur donne de l'avoine, trouvant les tourteaux trop chers.

Il a vingt-cinq vaches dont le lait n'est pas abon-
dant mais riche ; il choisit les dix meilleures pour

l'usage de la maison, donne leur veau à une autre vache qui en a un du même âge, et qui les nourrit ensemble durant quatre mois, après quoi, elle est également traite ; les génisses ne nourrissent que leur veau; il les vend à deux ans en en réservant quatre chaque année pour remplacer autant de vieilles vaches qu'il engraisse comme les bœufs.

Les vaches et les bêtes à l'engrais sont toutes attachées dans de fort belles étables, à corridors et à séparations entre chaque paire : les jeunes bêtes sont dans les cours où se trouvent des hangars.

Il vend généralement ses bêtes grasses Galloway 7 pences ou 73 centimes la livre anglaise, et prétend que les bœufs West-Highland ne se vendent pas un prix plus élevé ; il ajoute que son espèce ne consomme pas plus que celle-ci, quoiqu'elle arrive à un poids infiniment plus considérable : les Galloway sans cornes ont en outre l'avantage d'être très-douces et de ne pouvoir s'estropier à coups de cornes, ce qui permet aussi d'élever des poulains avec elles, chose qui n'est pas possible avec les autres. Son plus près voisin, bon cultivateur, a adopté son espèce.

M. Craig cultive de soixante à soixante-dix acres (de trente à trente-cinq hectares) de turneps pour ses cent bêtes Galloway et pour hiverner sept à huit cents agneaux ; il les fume à raison de vingt-cinq voitures à un cheval, dans ses meilleures terres, et fait faire des trous au plantoir à cinq pouces de distance dans la ligne ; une femme suit le plantoir et dépose dans chaque trou une petite poignée d'os écrasés ; une autre femme suit et met un peu de graine de turneps sur les os ; vient enfin un petit rouleau pour recouvrir : il faut six plantoirs pour fournir de l'ouvrage au rouleau qui recouvre deux raies à la fois : c'est ainsi qu'il obtient d'aussi beaux turneps avec dix bushels de semence que ses voisins avec vingt boisseaux : semés au semoir, les dix boisseaux (chacun de trente-cinq litres) économisés lui valent, cette année, 35 schellings, rendus.

Il m'a dit que la race de moutons appelés Chéviot peut très-bien se passer de toute nourriture étrangère à celle qui croît dans leurs tristes montagnes, excepté pendant les grandes neiges : alors on donne, par jour, aux plus faibles bêtes (formant à peu près le tiers du troupeau), un quintal anglais (environ cinquante-deux kilog.) de foin pour cent bêtes : ce supplément de nourriture n'est nécessaire que pour trois semaines, même dans les plus forts hivers.

M. Craig n'a une ferme à moutons que depuis cinq ans : c'était une nouvelle acquisition du duc qui l'avait fait valoir pendant trois ans, l'avait assainie et garnie de moutons, puis l'avait louée à M. Craig avec les moutons qui, d'après l'estimation, furent payés 100,000 fr. Cette ferme de montagne est d'environ trente mille acres ; il la paie 700 livres et y nourrit environ cinq mille bêtes. Les agneaux mâles et les femelles chétives descendent au commencement d'octobre : les premiers, pour manger, pendant cinq

heures sur vingt-quatre, des turneps, et les secondes,
pour gagner par une meilleure pâture la taille et la
force des autres.

M. Craig a tué, ces jours passés, une brebis Chéviot grasse, pesant quatre-vingt-dix livres, mais qui
ne pèse ordinairement que de soixante à soixante-dix
livres; il a engraissé, pour la réunion de la société
d'agriculture d'Écosse (qui a eu lieu l'année dernière à Inverness), des moutons choisis qui, tués à
l'âge de quatre ans et demi, ont pesé jusqu'à cent
quatre-vingts livres, mais dont le poids ordinaire
n'est que de cent livres vers l'âge de quatre ans. On
fait dans les vallées de la ferme de montagne, fort
éloignée de celle qu'il cultive, du foin qu'on économise d'une année à l'autre, afin d'en avoir une bonne
provision pour les grands hivers.

Il m'a dit que depuis quelques années les agneaux,
et surtout les mâles, sont attaqués en grand nombre
par une maladie d'estomac ou d'entrailles qui paraissait provenir d'échauffement, ces bêtes broutant beaucoup de bruyères et d'autres herbes d'une nature as-
tringeante : la nourriture aux turneps paraît être le
remède le plus efficace : mais cela n'est cependant
pas sans inconvénients, parce que les bêtes habituées
aux turneps en hiver, ne se nourrissent plus si bien
sur les mauvais pâturages des montagnes; en ne leur
donnant pas de turneps, on en perd beaucoup plus,
mais celles qui survivent sont moins délicates; on
réserve pour la nourriture d'hiver les meilleurs pâtu-

rages , dans les endroits à l'abri des vents continuels, et l'herbe desséchée que les moutons dédaignent en été est consommée pendant les gelées.

Il faut se garder surtout des pâturages qui ont été inondés, une fois le mois de mai arrivé, car les moutons y prennent la pourriture : on a grand soin de faire des rigoles ouvertes d'écoulement, larges d'un pied et profondes de quinze à dix-huit pouces, qui aboutissent à des fossés. Un fermier, possesseur de cinq mille bêtes, venait de dépenser 400 livres sterlings ou 10,000 fr. à assainir ses pâturages.

M. Craig a dépensé, cette année, 100 livres sterlings pour curer les rigoles dans sa ferme à moutons, ce qu'il recommence tous les cinq ou six ans. M. Craig met cent vingt bushels , ou quarante-deux hectolitres de chaux pour cinquante ares : cela dure vingt ans.

Il a des béliers Chéviot aussi forts que des Dishley ou Leicester, et qui leur ressemblent beaucoup : il en achète cependant de temps en temps dans le Nor-thumberland, leur pays natal , mais ceux qui venaient d'en arriver, quoique bien choisis, étaient moins forts que les siens.

Il peut, en moyenne, ramasser cent cinquante tombereaux d'herbes marines par année : il estime beaucoup leur qualité fertilisante, mais pense qu'il en faut trois pour équivaloir à un tombereau de bon fumier. Il m'a dit connaître un bon fermier qui paie les boues de ville jusqu'à 18 schellings la charge d'un tombereau à un cheval.

Il va essayer la suie, la chaux, le nitrate de soude sur ses meilleurs pâturages de montagne où la mousse s'établit.

La veille de mon arrivée ici était un des deux jours de paiement des fermiers de la propriété : après avoir payé entre eux tous 500,000 fr. pour six mois à l'intendant-général de M. le duc, ils donnèrent un grand dîner auquel le duc voulut bien assister : on parla culture et surtout moutons, et l'on finit par se promettre réciproquement qu'on essaierait les différents engrais qui, à cause de leur poids et de la petite quantité qu'il en faut, peuvent se tirer de loin, de Londres, par exemple, et se transporter à peu de frais dans leurs montagnes désertes, traversées par un certain nombre de bonnes routes.

M. Craig moissonne à la journée, paie les hommes 1 schelling et demi, les femmes et les enfants de quatorze ans 1 schelling par jour. En temps ordinaire, les ouvriers ne gagnent que 1 schelling et les femmes moitié. Il estime que la moisson d'un acre revient à 6 schellings.

On coupe par le beau temps le froment et l'orge, et par tous les temps les avoines ; lorsqu'il fait beau, on met de suite en douzaines debout sur deux rangs, de manière à ce que la voiture passant entre deux rangs de douzaines puisse être chargée des deux côtés.

Lorsqu'il pleut, on pose chaque gerbe debout sans l'appuyer contre d'autres, afin qu'elle puisse sécher plus facilement ; si la pluie revient et que le vent les renverse, on les relève et les raffermit ; lorsqu'elles sont sèches, on les remet en douzaines, cela, toujours debout, et elles restent ainsi au moins quinze jours avant qu'on les rentre.

La machine à battre de M. Craig est mue par l'eau et son réservoir ne peut la faire marcher que pendant une heure toutes les vingt-quatre heures ; elle bat pendant ce temps de quarante à cinquante bushels, ou de quatorze à dix-sept hectolitres et demi.

J'ai vu rentrer et mettre de l'orge en meule, quoiqu'il eût plu toute la nuit : les pauvres fermiers sont bien à plaindre dans ce pays, car il y pleut presque tous les jours de l'année.

Lorsqu'il fait beau après la pluie et qu'on a du grain à rentrer, on défait les douzaines pour les exposer au soleil et au vent, puis on les rentre.

Les domestiques de culture de M. Craig, qui sont mariés, ont une maison, du charbon et de la tourbe, deux pecks ou dix-huit litres de farine d'avoine par semaine, demi-gallon ou trois bouteilles ordinaires de lait par jour, vingt-quatre bushels de pommes de terre ou huit hectolitres et demi, un petit jardin, enfin 225 fr. en argent. On estime le tout de 18 à 19 livres sterlings, ou 450 à 475 fr. pour l'année. Ils font bouillir leur lait, puis y versent leur farine d'avoine qu'ils remuent et mangent après. Les garçons sont logés à la ferme, et ont les mêmes rations et gages.

M. Craig a un joli salon dans lequel se trouve, sur la table, une petite bibliothèque bien choisie et des ouvrages périodiques.

N'ayant pu trouver une place dans deux malles-postes, je fus obligé de louer un gig pour retourner sur mes pas, car il n'y avait rien d'intéressant à voir dans le comté de Kaythness, le dernier de l'Écosse.

Exploitation de M. Sim.

En route, je visitai un fermier connu pour sa bonne culture et les expériences agricoles qu'il fait avec un grand soin : son nom est M. Sim; sa ferme se nomme Drummond et est sur la route, près d'une petite ville nommée Evanton, dans le Rosshire. Il me reçut à merveille, ainsi que ses quatre filles et deux fils; ils voulurent me faire dîner avec eux, étant au moment de se mettre à table, mais je ne pus accepter, ayant mangé peu de temps auparavant : leur repas était fort bien servi; son plus jeune fils parlait très-bien l'allemand, car il faisait ses études à Neuwied, sur les bords du Rhin.

M. Sim parle le français et est fort instruit; il assainit ses terres par des rigoles distantes de dix-huit pieds, dans le fond desquelles il place trois petites planches de pin en forme de triangle, met des pierres dessus, puis du foin de lèche, enfin remplit la rigole avec de la terre du champ, qui est légère et qui se trouve améliorée par la terre argileuse sortie des rigoles.

Il a fait depuis deux ans des essais comparatifs de nitrate de soude, de carbonate de soude, de fumier ordinaire, enfin de tourteaux de colza et de salpêtre :

le fumier employé à bonne dose a donné un peu plus de froment, mais il a coûté le double, sa supériorité se voit davantage la deuxième année; le nitrate et les os coûtent à peu près autant et donnent aussi à peu près les mêmes résultats qui ne sont que très-peu inférieurs à ceux du fumier; le tourteau, ayant été semé un peu trop tard, a fait verser la paille qui a été très-abondante, et n'a pas donné autant de grains; le salpêtre est moins améliorant que le nitrate et coûte davantage; enfin le carbonate de soude n'a pas donné de bons résultats. Il fera connaître les essais de cette année : il m'a dit que le nitrate avait si bien fait sur les froments qu'on en voyait encore l'avantage sur le chaume.

Il m'a fait voir sept acres de rutabagas qui ont eu, avant l'hiver, chacune vingt tombereaux de fumier non fermenté, dix bushels d'os écrasés semés dans la raie ouverte, et enfin soixante-quinze livres de nitrate semé sur le billon après que les rutabagas ont été éclaircis; il a laissé deux espaces composés d'environ dix raies chacun, auxquels il n'a pas donné de nitrate : la partie qui n'a pas eu cet amendement ne donnera, selon toute apparence, que la moitié de l'autre, et cette augmentation d'engrais ne coûte que 15 schellings de plus par acre.

Il a un très-beau taureau et quelques vaches courtes cornes, qui ont coûté de 30 à 45 livres sterlings; il croise depuis sept ans des vaches du comté d'Ayr avec ce taureau, et assure que les produits croisés sont supérieurs à leur mère même pour le lait.

Il emploie beaucoup de chaux qu'il fait venir par mer de Newcastle sur Tyne (Northumberland) : elle lui revient à 2 schellings et demi les deux hectolitres dix litres.

M. Sim a semé, cette année, une forte quantité de rutabagas dits *Skirvings*, nom qu'ils prennent de M. Skirvings, grainier à Liverpool, qui le premier les a mis en vogue; comme il en a semé d'autres, de ceux qui sont le plus en renom, à côté des premiers, j'ai pu être convaincu de la supériorité des Skirvings qui est immense : aussi, compte-t-il n'en plus semer d'autres.

Ayant plusieurs scieries occupées à scier des pins d'Écosse, il emploie la sciure comme litière pour les cochons et les vaches, et en obtient un très-bon résultat après fermentation, surtout pour les terres fortes.

Il emploie, chaque année, environ cent tombereaux d'herbes marines qu'il ne trouve pas très-efficaces, parce qu'elles viennent d'une baie intérieure; elles sont meilleures lorsqu'elles arrivent plus directement des bords de la haute mer.

Exploitation de sir Francis Mackenzie.

Je quittai M. Sim pour aller coucher à Dingwall, jolie petite ville éloignée de quatre milles de la terre qu'habite et cultive sir Francis Mackenzie of Gairloch. Quoiqu'il fût tard et qu'il plût à verse, j'écrivis à sir Francis qu'étant forcé, à cause du départ du bateau à vapeur qui navigue sur le fameux canal de Calédonie, d'aller coucher le lendemain à Inverness, je serais désolé de quitter ce pays sans visiter son excellente culture, et que je venais le prier de me faire savoir s'il pouvait me recevoir. Quoique ce jour fût un dimanche , il me répondit d'une manière fort aimable qu'il m'attendait pour déjeuner et me faire voir sa ferme. J'y allai le lendemain et fus reçu, on ne peut mieux, par sir Francis et lady Mackenzie; quelque temps après, on me dit qu'on avait l'usage dans la maison de faire la prière en commun avec les gens et que, si je voulais rester dans le salon, on viendrait m'y rejoindre bientôt après : j'accompagnai la famille; sir Francis et lady Mackenzie firent l'un après l'autre une lecture et une prière à haute voix, puis on se mit à déjeuner.

L'habitation, quoique ancienne, est très-bien distribuée et meublée ; le parc est fort beau, les environs charmants ; le potager contient les plus beaux espaliers couverts de pêches et d'abricots, de poires et de prunes magnifiques : les pommiers et poiriers en plein vent, ainsi que les quenouilles, sont chargés, à briser, de fort beaux fruits.

La ferme est superbe et les champs encore plus beaux.

Sir Francis a un assolement de sept ans : première année, *pommes de terre*, *fèves*, *vesces* et *carottes;* deuxième, *froment;* troisième, *turneps;* quatrième, *orge ;* cinquième, *herbage semé avec huit livres de trèfle rouge, cinq livres de trèfle blanc* et *un demi-bushel de ray gras ;* sixième, *pâturage de moutons ;* septième, *avoine.*

Sir Francis parque ses moutons sur les herbages, au lieu de les laisser parcourir à volonté, comme c'est l'usage ; en voici le résultat : cinq cent soixante bêtes à laine, libres d'aller partout, consommaient toute l'herbe sur treize acres en cinq jours, et vingt acres ont suffi, pendant dix-neuf jours, pour la nourriture du même troupeau parqué ; ensuite on les a parqués sur le premier champ de treize acres ; cette fois, il a duré dix-huit jours ; quand on voulut les remettre sur la pièce de vingt acres qui avait été parquée, ils ne voulurent pas manger ; alors on faucha cette magnifique repousse pour les vaches et les chevaux nourris à l'étable.

Sir Francis fume ses terres avec les feuilles de ses turneps et s'en trouve fort bien. Une quantité considérable de bruyères humides, qui n'avaient pas de pente, ont été défrichées et coupées par une immense tranchée ; les rigoles d'assainissement sont espacées de dix-huit à trente-six pieds, suivant l'humidité du terrain ; le fond est garni de trois planches de pin. Ainsi desséchées, ces bruyères dont le fonds était très-mauvais, il y a huit ou dix ans, donnent des récoltes magnifiques, tant en avoine qu'en navets.

Sa récolte de froment, composée des espèces les plus réputées, était la plus belle que j'eusse encore vue ; le *Talavera le Conteur* se trouve être le moins productif ici, tant en épis qu'en grains.

J'ai rapporté quatre épis des six espèces cultivées comparativement, ainsi que quatre belles pommes de terre de Wellington et quatre de Henley, venant d'Amérique. J'ai vu des produits obtenus d'un taureau courtes cornes avec des vaches sans cornes, de l'espèce nommée Angus, ainsi que des vaches West-Hyghland, tous très-beaux, mais les premiers étaient évidemment supérieurs.

On emploie ici le nitrate de soude avec le plus grand succès sur les herbages.

On sème les turneps par la méthode nommée *Dibbling :* pour cela, on a une brouette à deux roues qu'un homme pousse devant lui ; les roues, qui passent sur le sommet des billons, sont garnies de plantoirs qui, en roulant, forment des trous dans la terre ; une femme suit avec un mélange d'os et d'engrais poitevin, six bushels de chaque par acre, cela fait obtenir d'aussi belles récoltes de turneps qu'une fumure de vingt tombereaux de fumier ; une autre femme dépose la graine qui est ensuite recouverte par un rouleau.

Sir Francis a cultivé bien des variétés de rutabagas : les plus beaux sont les Skirvings, les Bloomfield les valent à peu près, enfin les Gordon Yellow viennent après.

Sir Francis pense que la première chose pour réussir en agriculture, c'est-à-dire, gagner de l'argent, c'est de mettre le plus d'engrais possible aux récoltes préparatoires, et de ne le diminuer qu'autant que les grains verseraient à la suite des fortes fumures.

Sir Francis a fait construire une citerne couverte pour recueillir les eaux de fumier, et prétend que cela lui vaut 50 livres sterlings par an.

Il a une propriété de soixante mille acres, qui est située sur la côte ouest de l'Écosse; il y a fait de grands travaux, et il y reste encore environ dix mille acres bonnes à défricher; le reste forme des fermes à moutons.

Pour défricher les bruyères qui ne sont pas pierreuses, il les fait défoncer par deux charrues qui se suivent dans la même raie; les autres sont bêchées à la profondeur de quinze pouces, travail qui coûte de 200 à 300 fr. par acre de cinquante ares, suivant la difficulté.

Sir Francis regarde le transport de l'argile sur les sables comme une immense amélioration; il met moins de chaux sur les terres légères que sur celles qui ont plus de consistance : à celles-ci il donne cent vingt-cinq bushels à l'acre (quarante-quatre hectolitres), et renouvelle tous les huit ou dix ans; il n'est pas partisan de l'écobuage.

Il ne donne à la fois, par jour et à chaque mouton à l'engrais, que des turneps et une livre de tourteau de lin.

Sa femme et lui sont depuis huit mois membres de l'association pour l'abstinence de toutes liqueurs fortes ; il assure que cela l'a rendu infiniment plus fort qu'il ne l'était depuis plusieurs années. Il a pris ce parti pour donner l'exemple aux gens du peuple qui font abus de wisky (eau-de-vie faite avec de l'orge). Suivant lui, cette association doit rendre les plus grands services à ce pays.

J'ai quitté cette aimable famille avant dîner pour aller coucher à Inverness, mais, comme je devais retourner dans leur voisinage deux jours après, on me fit promettre que je viendrais dîner le mercredi suivant.

Près d'Inverness, je fus obligé de passer un de ces nombreux bras de mer qui ornent tant ce pays. Le vent soufflait avec violence : heureusement qu'il nous était favorable et que le trajet était fort court, car je commençais à ressentir le mal de mer.

Parti le lendemain matin à quatre heures, par une grande pluie, sur le steamer du grand canal de Calédonie, nous étions une heure après sur le Loch-Ness, très-beau lac qui n'est pas fort large, mais qui a vingt-six milles de long ; le vent était très-fort et les vagues aussi fortes que celles de la mer par un vent frais.

Je vis un pays très-beau, de charmantes maisons de campagne, dont l'une, ayant l'apparence d'un château, appartenait à une personne devenue très-riche dans le commerce.

Je vis aussi des montagnes couvertes de bois, fort élevées pour ce pays, quelques jolies cascades, enfin une jolie baie, avec un promontoire orné par les ruines d'un ancien château. Là, je quittai le bateau et trouvai une excellente auberge dans une vallée charmante.

Exploitation de M. Sherrif.

Après avoir déjeuné, je pris un gig avec lequel je traversai quinze milles de montagnes noires et désertes, et ensuite de charmantes vallées : arrivé à Beauley, on m'indiqua à l'auberge la ferme de M. Sherrif, où je me rendis à pied ; je n'avais pas de lettre pour lui, cela ne l'empêcha pas de m'accueillir à merveille, d'envoyer chercher mes effets à l'auberge et de se mettre tout entier à ma disposition pour me faire voir son excellente culture. Cette ferme, dans laquelle il ne passe que deux jours par semaine, se compose de deux cent cinquante hectares ; elle vient seulement d'être formée depuis quelques années avec plusieurs petites fermes qui ont été détruites : une seule, qui était plus considérable et mieux construite, est restée pour faire le noyau de la ferme actuelle. M. Sherrif y a ajouté les bâtiments nécessaires pour une aussi grande culture, a construit une fort belle maison d'habitation, ce qui lui a coûté en tout 50,000 fr., dont il ne lui sera tenu aucun compte : mais il a un bail de vingt-sept ans. Le propriétaire de sa ferme qui est substituée, n'ayant pas de fils, ne veut faire aucune dépense en améliorations, puisque la propriété sortira de sa famille.

M. Sherrif a dépensé en outre plus de 100,000 fr. en améliorations foncières, telles qu'assainissement des terres, haies et murs de clôture, routes, chaulage, desséchement d'un marais, nivellement de fonds : tout cet argent ne doit lui être remboursé que par sa culture ; il m'a dit que s'il n'arrivait rien d'extraordinaire, dans quinze ans il serait rentré dans ses avances, et qu'il lui resterait encore neuf ans pour faire des bénéfices.

Ce qu'il y a d'extraordinaire, c'est que le propriétaire, qui voit combien on améliore sa propriété, sans qu'il aide en rien, met des bâtons dans les roues. M. Sherrif est obligé d'aller chercher à une lieue les cailloux pour former des rigoles d'assainissement, ce qui les rend aussi chères que celles faites avec des tuiles; il est obligé d'aller chercher à huit milles les tuiles d'assainissement, elles lui coûtent 45 schellings le mille, prises sur place, tandis qu'il pourrait les fabriquer chez lui à raison de 25 à 30 schellings le mille, et économiser 15 schellings et le transport, mais son propriétaire s'oppose à ce qu'il construise une tuilerie, ce qu'il désire beaucoup. Il paie, malgré tous ces inconvénients, 50 fr. par acre : mais à la vérité, les petits fermiers paient 75 fr.

M. Sherrif a encore une autre ferme de mille acres en bonnes terres, dont il paie aussi 50 fr. l'acre, mais il a par-dessus le marché une ferme à moutons qui est à dix milles de la première : c'est là qu'il habite; cela ne l'empêche pas d'être le régisseur d'une terre d'un revenu de plus de 150,000 fr.

Il hiverne deux cents bêtes à cornes, dont quarante vaches West-Highland qu'il croise avec un taureau courtes cornes ; les produits sont engraissés à deux ans et vendus de 12 à 16 livres sterlings, la pièce ; il a dans la montagne des Chéviot et des têtes noires ; il croise des brebis de cette dernière race avec des béliers Leicester et vend les produits gras à deux ans de 32 à 40 schellings, la pièce.

M. Sherrif, contre l'usage du pays, nourrit ses valets non mariés : ayant appris cette année que la pêche des harengs était si abondante sur les côtes de l'ouest qu'ils se vendaient pour rien, il s'est décidé à y envoyer trois tombereaux à un cheval, les a fait remplir de harengs par couches qu'on salait à moitié ; on les a ramenés chez lui ; lorsque je le visitai, on les mettait en barril pour la nourriture de ses gens : ces harengs venaient de soixante-dix milles ou vingt-huit lieues.

Il a un assolement de six ans : première année, *jachère* fumée avec seize voitures à deux chevaux ; deuxième, *froment ;* troisième, *herbage ;* quatrième, *avoine ;* cinquième, *turneps ;* sixième, *fèves* et *vesces* fumées avec douze tombereaux ou dix bushels d'os ; septième, *froment* ou *orge.*

Au mois de septembre, lorsque j'arrivai chez lui, il n'avait pas encore rentré le quart de sa récolte, car il pleuvait tous les jours depuis trois semaines, et cependant, malgré l'alternative du soleil et de la pluie, rien n'avait germé : cela tient à ce que l'on fait des gerbes très-petites et peu serrées, ensuite que, au lieu de les coucher à terre, comme chez nous, on les réunit par douzaines sur deux rangs, en les écartant du pied. M. Sherrif cultive aussi cinq ou six espèces de froment en vogue, pour voir laquelle est la meilleure : j'ai aussi pris chez lui quelques épis de chaque espèce. Ses récoltes sont superbes; il a une machine à battre toute neuve, mue par l'eau, de la force de douze chevaux, qui pourrait aller jour et nuit si cela était nécessaire; elle bat seize hectolitres de froment par heure, ou vingt-quatre d'avoine et d'orge; elle a un double râteau tournant et un seul tarare; elle a coûté, y compris la roue, 100 livres sterlings : on battait du froment tout humide, ou pour bien dire, mouillé, afin d'avoir la paille dont on avait besoin pour couvrir les meules, et malgré cela, il ne restait pas de grains dans la paille : deux couvreurs et un homme pour les servir, ayant les cordes de paille prêtes, peuvent couvrir une meule en une heure.

En hiver, au lieu de la ration d'avoine du soir, M. Sherrif donne à ses chevaux des rebuts de grains bouillis avec de la balle et des rutabagas.

J'ai vu chez lui une machine fort commode pour laver les moutons avec de l'eau d'arsenic, afin de les préserver de la vermine et des mouches; elle est composée d'une caisse carrée et profonde qui contient le liquide; trois hommes y plongent l'animal et après cela le posent sur une planche inclinée et placée de manière à ce que le liquide, qui s'égoutte, retourne dans la caisse; sur cette planche se trouvent des tringles en fer rond, éloignées d'environ deux pouces les unes des autres et autant du fond; elles servent à supporter l'animal et à le laisser s'égoutter, ensuite on le fait glisser sur un autre plan incliné qui le conduit jusqu'à terre, puis on le lâche.

M. Sherrif a un jeune homme qui est son contre-maître, auquel il donne 60 livres sterlings; il mange à sa table, mais il est habillé comme les ouvriers et met la main à l'œuvre; il m'a assuré qu'il pouvait parfaitement se fier sur son zèle et son honnêteté : effectivement, je n'ai rien remarqué dans cette ferme qui annonçât que le maître en fût absent cinq jours sur sept. Dans les vallées, j'ai admiré les champs de grains et de turneps à côté de huttes qui, sur le continent, ne seraient pas jugées bonnes pour loger des bestiaux. J'ai vu, en venant du Loch-Ness, chez M. Sherrif, une manière d'abriter les douzaines infiniment supérieure à ce que j'avais vu jusqu'alors : on place deux gerbes sur les dix autres, de manière à former une véritable toiture; on lie le tout, de sorte que le vent ne peut rien déranger et qu'il est impossible à la pluie de pénétrer : cela m'a l'air d'être fait aussi soigneusement que dans la petite culture : les douzaines près de M. Sherrif et de sir Francis ne sont, au contraire, nullement couvertes; elles sont exposées ainsi depuis vingt jours avec des alternatives de soleil et de pluie à verse, de journées chaudes et d'autres froides : malgré cela, rien n'a encore germé; si elles étaient en grosses gerbes et couchées par terre, comme on le fait en France, tout serait perdu.

En Belgique, on fait, comme en Écosse, de très-petites gerbes liées avec la paille de la gerbe, et les douzaines sont placées debout, sans couverture; dans le pays de Luxembourg, on incline la tête des gerbes vers le milieu, on fait une forte gerbe liée très-près du pied, et on la place en guise de chapeau sur la douzaine.

On m'a indiqué, en Écosse, l'huile de rodium comme un excellent appât pour attirer les souris : quatre gouttes de cette huile sur de la farine d'avoine et un grain de musc, le tout mêlé avec deux noix vomiques pulvérisées, empoisonnent parfaitement les rats et les souris : mais ce qu'il y a de mieux ici, ce sont des furets qui font sortir les rats de leurs trous; des chiens habitués à ce métier les attendent et les étranglent : les furets en tuent aussi beaucoup dans les trous.

Exploitation de sir Georges Mackenzie.

M. Sherrif me conduisit, le lendemain, dans un joli cabriolet attelé d'un fort beau cheval, chez sir Georges Mackenzie de Coul, chez lequel il habite et dont il est en même temps le fermier et le régisseur : nous y trouvâmes le colonel le Conteur que j'avais vu à Cambridge et qui est un habile cultivateur de l'île de Jersey ; je fus reçu, on ne peut mieux, par cette aimable famille à laquelle M. Sim m'avait annoncé ; le soir, il y eut un grand dîner où se trouvaient les meilleurs cultivateurs des environs, qu'on avait invités en l'honneur du colonel, et la conversation, qui ne cessa d'être agricole, fut du plus haut intérêt; j'y fis la connaissance du docteur Mackenzie, frère de sir Francis et fermier de sir Georges, et en même temps régisseur d'une grande propriété voisine; il m'engagea à aller le lendemain matin le voir de très-bonne heure, à cause d'une absence qu'il devait faire, ce que je lui promis. Sir Georges et Madame, qui est excellente, ont habité Tours pendant une couple d'années et ils aiment beaucoup la France : nous passâmes une soirée très-agréable ; le lendemain, après déjeuner, j'eus le plaisir d'entendre sir Georges toucher de l'orgue avec un véritable talent, il est aussi très-bon sculpteur; mademoiselle sa fille, qui est âgée de dix-sept ans et fort jolie personne, chante à ravir, ayant une très-belle voix et une excellente méthode.

Lady Mackenzie est très-bien et fait, on ne peut mieux, les honneurs de sa maison.

Leur terre, qui rapporte 150,000 fr., est située dans une délicieuse vallée, au milieu de montagnes assez élevées et couvertes de beaux bois ; une belle rivière orne et égaie ce beau canton ; le parc est parfaitement planté et rempli de faisans et d'autre gibier. Le matin, je m'étais rendu, à la pointe du jour, chez le docteur Mackenzie : il était prêt et me fit voir sa ferme qui est parfaitement cultivée ; il achète les nouveaux instruments qui ont une réputation méritée; son maître-valet, qui était un charpentier, auquel il avait reconnu une haute intelligence, n'a pas été long-temps à se former sous sa direction, et maintenant il est très-bon cultivateur, faisant très-bien exécuter ce qu'ordonne son maître presque toujours absent.

Le docteur nourrissant ses chevaux, en hiver, en grande partie avec de l'ajonc, son homme lui a construit une machine qui coupe et broie l'ajonc, elle coupe aussi le foin et la paille : elle se compose de deux rouleaux cannelés, comme ceux d'une machine à battre, qui saisissent les ajoncs, les broient et les font avancer contre un cylindre garni de quatre lames au lieu des batteurs d'une machine à battre; ces lames, fixées obliquement sur le cylindre, coupent à merveille les ajoncs, la paille et le foin. Les révolutions du cylindre sont très-rapides; le cylindre a environ dix-huit pouces de diamètre ; cette machine coupe en une heure un tombereau plein d'ajoncs, elle coûte 200 fr., et il espère l'attacher à sa machine à battre, de manière à ce que la paille, après avoir été battue, y tombe pour être coupée.

Le docteur a fait des essais comparatifs de différents engrais pour planter la semence de turneps au lieu de la semer au semoir : il a mis six bushels de poussière d'os au fond des trous, afin qu'en arrachant les navets qui sont de trop, on n'enlevât pas l'engrais avec eux; il a employé également six bushels d'engrais poitevin , qui , par son odeur , a empêché les pucerons d'attaquer les turneps, tandis que les autres lignes en ont beaucoup souffert : les produits des deux fumures on été également beaux, mais l'engrais poitevin n'a coûté que 2 schellings le bushel de trente-cinq litres , rendu à Dingwal , tandis que les trente-cinq litres d'os coûtent 3 schellings ; l'engrais Clark ne lui a pas réussi ; en semant cinq cents livres de tourteau de colza dans le fond des raies, ses navets sont devenus fort beaux, mais en mettant les tourteaux dans le fond des trous avec la semence , celle-ci n'a pas levé ; le nitrate de soude a produit le même résultat dans les trous.

J'ai vu de fort beaux turneps sur un fonds de tourbe de plusieurs pieds d'épaisseur, qui avait été d'abord écobué ; l'écobuage avait été suivi de deux récoltes de fort belle avoine , après laquelle étaient venus les turneps à la suite d'un amendement de cinquante bu-sehls de chaux, puis encore des turneps avec dix bushels de poussière d'os mise dans les trous avec la semence ; une fort belle avoine avait suivi, puis de l'herbe, mais qui n'a pas été bonne : il a fait consom-mer sur cette herbe des turneps arrachés d'un champ voisin, de manière à mettre la moitié du produit d'une acre sur une acre de la pièce de tourbe, et maintenant il a un champ de turneps admirables, qui a reçu une fumure de dix bushels d'os.

Le docteur plante ses grains avec le plus grand succès : il fait les trous à trois pouces et demi et emploie trente-cinq litres pour cinquante ares , au lieu d'un hectolitre cinq litres employés avec le semoir, et la récolte est aussi bonne. En semant à la volée , il lui faut quatre bushels ou un hectolitre quarante litres, et le produit est bien moindre.

Il faut sept personnes pour planter une acre par jour; elles lui coûtent six pences chacune ou 62 centimes, 3 schellings et demi ou 4 fr. 37 c. par acre ; chaque bushel économisé vaut en moyenne 8 schellings ou 10 fr. : c'est donc 20 fr. desquels-il faut défalquer la différence qu'il peut y avoir entre le prix de la plantation et celui de la semaille avec le semoir ; à la volée, on sème pour 30 fr. de froment de plus. Il préfère que chaque planteur fasse son trou au plantoir, un rouleau ou une herse couvre la semence.

Il croise ses brebis Chéviot avec des béliers Southdown et prétend que les produits en sont aussi beaux et aussi pesants que ceux provenant de béliers Leicester ; il m'a dit avoir tué des agneaux Chéviot âgés de six mois , qui pesaient quarante-neuf livres , viande nette.

Pour consommer ses turneps , il préfère acheter des agneaux Chéviot qu'il paie de 10 à 12 schellings, et qu'il revend de 17 à 19 , tandis que ses voisins se contentent de louer leurs champs de turneps à des fermiers à moutons, à raison de 3 schellings par tête.

Ses chevaux sont en fort bon état, et ne mangent de grains que lorsqu'ils font des travaux extraordinaires; en été, ils sont nourris au vert à l'écurie, et en hiver, avec de l'ajonc mêlé de foin et de paille hâchée. Ses ajoncs ont été semés sur des coteaux d'une pente rapide et d'une terre peu productive ; une acre suffit pour la nourriture d'hiver d'un cheval.

Deux des sept fils de sir Georges sont allés depuis cinq ans en Australie ; ils avaient emporté un capital d'environ 100,000 fr., et font à merveille leurs affaires ; leur père leur a envoyé, il y a quatre ans, un berger qui, ayant sept à huit enfants, ne pouvait pas se tirer d'affaire ; il vient de mander à sa famille qu'il était déjà possesseur de 500 livres sterlings.

Sir Georges emploie le fumier frais pour les turneps contrairement à l'usage général, et les a cependant plus beaux que lorsqu'il l'emploie décomposé; il a beaucoup de rutabagas pesant dix-neuf livres.

A deux heures, sir Francis Mackenzie, accompagné d'un de ses amis, arriva dans un joli char-à-bancs attelé de deux charmants poneys, pour faire une visite à sir Georges et me chercher ; lady Francis arriva peu après avec une jeune et jolie dame, elle conduisait elle-même ses deux poneys, qui, comme les autres, sont pie, et encore plus jolis ; elle me dit qu'elle les conduisait souvent tous quatre, ce dont elle avait l'habitude.

Après que sir Francis eut admiré les beaux élèves croisés courtes cornes et vaches de montagne que M. Sherrif a dans sa ferme, nous laissâmes ces dames et partîmes avec son ami. Après avoir traversé un très-grand parc, orné d'arbres superbes, qui appartient à l'un de ses voisins actuellement aux Indes, nous arrivâmes bientôt chez lui à travers un pays charmant; je revis avec un véritable intérêt son excellente culture; il donnait ce jour un grand dîner, et parut, au moment où tout le monde était réuni, en costume de chef de clan, c'est-à-dire, en jupon court au lieu de pantalon; il avait un air imposant, car il est bel homme, et ce costume étant très-élégant et martial, faisait ressortir ces avantages d'une manière encore plus frappante.

Les maîtres de la maison en firent à merveille les honneurs; les dames s'étant retirées, nous nous rapprochâmes de sir Francis, et l'on but pendant quelque temps, selon l'usage anglais : mais lui, comme membre de l'association d'abstinence, ne but que de l'eau, tout en nous engageant à boire du bon vin.

Je quittai à onze heures cette nombreuse société et fus chez le concierge, qui demeure près de la route, attendre la malle-poste; j'arrivai à deux heures du matin à Inverness : comme j'étais sur l'impériale, je ne vis qu'en descendant M. d'Harcourt qui s'en retournait en Angleterre et qui repartit de suite.

Je fus bien désappointé, car j'attendais des lettres de ma femme, de mon père et de ma fille, et je ne trouvai rien; je terminai une lettre pour ma femme, et me couchai pour repartir deux heures après pour la ville d'Elgin où j'arrivai vers midi, après avoir traversé un pays plat, mais de la plus mauvaise nature de sol possible, et en grande partie couvert de bruyères.

Elgin est une fort jolie petite ville, où se trouvent les magnifiques restes de la cathédrale détruite lors de la réformation : il y a de très-belles choses à y voir.

Exploitation de MM. Young.

J'allai porter une lettre chez M. Young qui a été pendant très-long-temps le régisseur du duché de Southerland ; étant fort âgé, il s'est retiré ici où il a une jolie maison entourée d'un charmant jardin, il est garçon, et vit avec sa sœur, excellente personne ; ils me reçurent, on ne peut mieux ; il fit de suite atteler un superbe cabriolet et me conduisit dans des propriétés assez considérables qu'il possède dans les environs de la ville ; nous allâmes ensuite chez un de ses neveux qui porte le même nom que lui et cultive une très-grande ferme, sur laquelle se trouve une distillerie de wisky, eau-de-vie d'orge ; j'ai été fort étonné de voir qu'on fît sécher l'orge après sa germination, au-dessus d'un grand feu de tourbe et de charbon de terre, dont la fumée pénétrait le tas d'orge pour lui laisser son parfum.

On élève sur cette ferme une centaine de cochons ; quand ils sont d'âge on les engraisse avec les résidus de la distillerie ; on a établi un conduit souterrain, long de quatre mille mètres, pour faire couler ces résidus jusqu'à la ferme, afin d'en éviter le transport.

On a établi deux réservoirs afin d'obtenir les chûtes d'eau nécessaire, l'une pour la distillerie, l'autre pour la machine à battre : comme le pays est très-plat, on n'est parvenu à avoir que quatre pieds de chute ; la surface du terrain est sablonneuse, mais le fond est tourbeux, et le mélange de la terre légère et de la tourbe a fait de fort bonnes digues qui maintiennent une assez grande masse d'eau au-dessus du sol : chaque réservoir coûte environ de 7 à 800 fr., ils ont été faits par le fermier. Les bâtiments de ferme ont été construits par le propriétaire, ils ont coûté 17,500 fr., dont le fermier paie intérêt à 6 pour °/₀. On assainit toute la ferme, il n'y a pas de pierres, et l'on emploie des tuiles qui viennent d'Édimbourg ; elles coûtent 62 fr. 50 c. le mille rendu sur place.

Les chiens d'une ferme voisine venaient d'étrangler une douzaine des moutons de M. Young, et, comme on ne pouvait le prouver, il croyait qu'il n'en serait pas indemnisé. Il a acheté des brebis Chéviot qu'il croise avec des béliers Leicester ; il en vend les agneaux à Londres de 25 à 31 fr. 25 c. la pièce, le port y compris ; les frais de vente lui reviennent à 6 fr. 25 c.; il revend les brebis ce qu'elles ont coûté après qu'il les a engraissées : leur prix est de 25 à 30 fr.

La culture m'a paru bien moins parfaite ici que dans le Rosshire. Les récoltes sont assez avancées ; M. Young m'a dit avoir rentré vingt meules en un jour, en travaillant depuis une heure du matin jusqu'à dix heures du soir, sans dételer : on faisait manger les chevaux pendant qu'on déchargeait, ils paraissent fatigués, mais ses récoltes sont à l'abri.

Les fermages sont de 50 à 150 fr. par hectare, suivant la qualité de la terre et le voisinage de la ville, les petits fermiers paient bien plus cher que les grands, car ils n'améliorent pas.

Il y a un club de fermiers à Elgin, ils ont une bibliothèque de livres agricoles.

J'ai admiré un fort beau bâtiment servant à loger dix vieillards et quarante jeunes garçons, les plus pauvres du comté, auxquels on donne une bonne éducation : cela se fait avec les revenus d'une fondation établie par feu le général Anderson.

J'eus aussi à admirer l'hôpital, au milieu duquel se trouve un dôme fort élevé ; sa façade est ornée d'une belle colonnade; le pont suspendu est fort beau. Sur une hauteur près de la ville se trouve une fort belle colonne érigée par les fermiers du duché de Gordon en l'honneur du dernier duc de ce nom : ce duché vient de passer sur la tête du duc de Richemont.

M. Young me ramena dîner chez lui, où son neveu vint nous rejoindre ; tous deux furent excellents pour moi, je les quittai pour aller écrire à ma famille et faire mes notes.

Terre du duc de Gordon.

Je suis arrivé le 2 octobre à Fochaber, petite ville

bâtie près du château de Gordon et à seize milles
d'Elgin, toujours dans le Murrayshire ; c'est une
terre considérable, d'un revenu de 1,125,000 fr.;
le château est immense, mais d'une architecture
sévère.

Le duc, la duchesse et leurs trois fils aînés étaient
absents, ce dont j'eus un regret infini ; ils s'étaient
rendus à Inverness pour une réunion fashionable qui
y a lieu tous les ans.

J'allai chez le docteur Hay, l'intendant général
du duc; il me reçut fort poliment, me conduisit à la
ferme du château, qui est la plus belle de toutes
celles que j'ai vues ; il me la fit visiter, ainsi qu'une
très-belle scierie à deux scies circulaires, où l'on dé-
bite toute l'année une partie des pins sortant de l'immense forêt que j'avais traversée : un tronçon de pin
est monté sur l'établi par deux hommes, sans aucun
effort ; chacun d'eux est armé d'une roue faisant
fonction de cabestan ; elles se trouvent placées au-
dessus et vers les deux bouts de l'établi ; ils allongent
la corde au bout de laquelle se trouve une espèce de
pince qui embrasse l'arbre en s'ouvrant, et qui, étant
tirée par le cabestan, se ferme et monte l'arbre sur
l'établi : là il est placé vis-à-vis la scie circulaire, et
en cinq minutes il est équarri, quoiqu'il ait une longueur de douze pieds anglais, il faut une demi-mi-
nute pour chaque trait de scie. M. Hay me fit voir
ensuite le bois scié qui était mis dans de grandes
auges, pour y tremper dans une dissolution dont j'ai

oublié la composition, opération qui a pour but de faire que les insectes n'attaquent pas le bois qui l'a subie.

Il existe encore sur le domaine une machine à broyer les os : on venait d'en recevoir deux cargaisons venant du Danemarck, qui avaient coûté, y compris les frais et le port, 141 fr. 85 c. les mille kilog.

Le docteur Hay me remit ensuite entre les mains du régisseur M. Walker, en me disant que, n'étant pas cultivateur, il ne pourrait pas bien m'expliquer la culture ; il m'engagea à dîner pour sept heures.

Nous commençâmes à examiner la machine à battre qui est neuve, et qui, au lieu des deux râteaux tournants, a un apppareil nommé *secoueur de Rischi*, qu'on assure être d'un plus grand effet que le râteau, surtout dans une grande machine : il peut coûter de 200 à 250 fr.

Un autre perfectionnement adapté à cette machine est une toile sans fin, garnie de chaque côté d'une petite chaîne en fer : elle glisse sur un plan incliné, et est garnie de petites traverses en bois ; elle passe sous le premier tarare, de manière à recevoir le blé qui a été nettoyé une fois, et en tournant sur les deux rouleaux qui la tiennent tendue, elle monte le grain au-dessus de la trémie du second tarare, au-dessous duquel une autre toile sans fin, sur le même principe, monte le grain au grenier après qu'il a été passé deux fois.

La cour des volailles est infiniment mieux que

toutes celles que j'ai vues, elle est traversée par un petit courant d'eau qui remplit deux petits réservoirs; chaque poulailler est garni de perches qui s'élèvent comme des marches d'escalier, de manière à ce que les volailles perchées en bas, ne soient pas salies par celles perchées plus haut. Les planchers sont en belles dalles et sablés, on n'aperçoit pas la moindre ordure, on aurait dit que le tout venait d'être blanchi.

Il y a une vacherie magnifique. Les chaînes qui servent d'attache coulent sur une barre de fer placée verticalement le long de la cloison qui sépare les vaches de leurs voisines, et qui existe seulement près du râtelier : cela est combiné de manière à ce que l'animal soit attaché très-court, qu'il soit debout ou non; au haut de la cloison se trouve un clou auquel se suspend la chaîne lorsque les vaches sont sorties, afin d'éviter qu'elle traîne dans le fumier; il existe, pour la distribution de la nourriture, un corridor étroit, parce qu'il n'y a qu'un rang de vaches. Il y a ensuite une très-belle cour avec des hangars pour les animaux, une autre avec des loges à porcs, une citerne pour les eaux de fumier et urines d'étables, avec une pompe et un tonneau monté sur roues, une cour pour l'agnelage : il y a là un hangar qui vient d'être bâti et qui est couvert en paille, il a cent trente pieds sur quinze, la charpente en bois de pin est légère, mais très-bien faite : on lie la paille avec des cordes goudronnées, ce qui rend la couverture plus facile à faire, et ainsi, moins chère; ce hangar a coûté 800 fr. ; un autre, à côté, contient des cases dans lesquelles on met chaque brebis avec son agneau aussitôt après l'agnelage, on les y laisse deux ou trois jours, jusqu'à ce que l'agneau soit assez fort et la mère accoutumée à son petit. On ne donne des navets aux brebis qu'un mois avant d'agneler ; elles en ont ainsi, en février, mars et avril, c'est-à-dire, jusqu'à l'époque à laquelle on a de l'herbe.

Sur deux cents brebis Leicester et autant de Southdown, on élève quatre cent cinquante agneaux en moyenne, les dernières ont plus de jumeaux. On vend les moutons gras à deux ans ; les Leicester pèsent de vingt-six à trente livres le quartier, et les Southdown, de vingt à vingt-quatre livres ; le régisseur préfère, pour les terres maigres de ce pays, les Southdown ; il trouve que les Leicester ont déjà sensiblement diminué de taille et de poids depuis quatre ans qu'ils sont ici : mais ce qu'il trouve de plus profitable, c'est de croiser les brebis Southdown avec des béliers Leicester ; on vend mâles et femelles à deux ans, et on a de meilleure laine par ce mélange.

Les laines des deux races se sont vendues ensemble cette année, 36 fr. 25 c. les vingt-quatre livres.

Il préfère la charrue faite par M. Crawford de Wingston, près Glasgow, qui coûte 112 fr. 50 c. avec un soc de rechange.

M. Valker a assaini, il y a trois ans, un marais sur lequel le duc allait en bateau pour tuer des canards, et dont le fonds ressemblait parfaitement à nos marais de Sologne ; les rigoles de desséchement, qui sont couvertes, sont creusées à trente pieds l'une de l'autre, puis un fossé, creusé au milieu, emmène les eaux dans une tranchée de dix pieds de profondeur sur quatorze de largeur, qui n'est pas bien longue. Les labours, hersages, chaulages et semailles de la première récolte ont coûté en tout 263 livres sterlings ou 6,575 fr., la première récolte d'avoine a donné deux cent soixante-un hectolitres trente-trois litres qui ont été vendus 3,487 fr. 50 c.; la seconde récolte d'avoine qu'on vient de couper a été estimée par experts devoir donner trois cent trente-sept hectolitres vingt litres qu'on doit vendre, d'après la baisse survenue, 3,750 fr. : il faut maintenant défalquer 355 fr. pour labours et semailles de cette seconde récolte, car on abandonne la paille pour frais de moisson et de battage, ce qui établit le compte suivant :

6,575 fr., première dépense,

355 secondes semailles,

6,930 fr., Total de la dépense.

Produit de la première récolte 3,487 fr. 50 c.

Produit de la deuxième 3,750

Total du produit 7,237 fr. 50 c.

Total des dépenses 6,930 »

Produit net 307 50

Les deux premières récoltes ont donc payé l'amélioration du marais qui ne produisait rien, et les douze hectares qu'il occupait sont loués maintenant au fermier voisin pour 600 fr. Ce qui a contribué à rendre cette amélioration si peu coûteuse, c'est l'emploi de la tourbe dans le fond des rigoles au lieu de tuiles, car il n'y a pas de pierres. Ayant de la tourbe fort compacte dans le voisinage, M. Walker emploie la bêche à tourbe du marquis de Twecdal : il s'en sert pour trancher dans la tourbe des tuiles bombées d'une forte épaisseur ; deux de ces tuiles accolées forment une espèce de tunnel que l'on place au fond de la rigole : le mille de ces tuiles coûte 12 fr. 50 c. de façon ; elles ont quatorze pouces de longueur ; on les expose au soleil pour les sécher, ensuite on les empile à couvert, où elles doivent, pour bien faire, rester un été. J'en ai retiré une du fond de la rigole où elle était depuis trois ans ; elle était dans l'eau et près de l'ouverture de la rigole donnant dans le fossé ouvert ; bien qu'exposée à l'alternative du chaud et du froid, de l'humidité et de la sécheresse, elle était comme si on venait de l'employer, compacte et dure ; un autre avantage de ces tuiles de tourbe, c'est qu'étant sèches, elles sont fort légères, et qu'un cheval en transporte deux mille.

Le duc a vingt et quelques vaches d'Aberdéen sans cornes, qui sont magnifiques et très-grasses. M. Walker m'a cependant assuré qu'on ne leur donnait rien, au printemps et en automne, que ce qu'elles trouvaient au pâturage, dans le parc qui est couvert d'une immense quantité d'arbres énormes ; en été, on les conduit dans les herbages semés dans les champs; en hiver, elles mangent des turneps. Il a un beau taureau d'Aberdéen pour s'entretenir de vaches pures de cette belle race; mais aux autres, il donne un taureau courtes cornes : les produits de ce croisement sont vendus, à l'âge de deux ans, de 4 à 500 fr. la pièce, et sont extraordinaires pour la taille et le poids : je les ai vus sous les arbres du parc, dans un endroit ou le pâturage n'était pas merveilleux.

Ceux qu'on engraisse avec des turneps et du tourteau, pendant six mois, arrivent à deux ans et demi au poids de neuf à onze cents livres.

M. Walker, *dibble*, sème ses turneps à la main dans des trous faits exprès au plantoir; il met huit hectolitres et demi de poussière d'os par hectare, en même temps que la semence; il en a un immense champ qui est fort beau, quoiqu'il fût, il y a deux ans, en bruyères, mais il a été chaulé.

A sept heures, je me rendis au château où je trouvai la duchesse douairière, l'une des filles de l'avant-dernier duc de Gordon et sœur de deux autres duchesses; j'avais l'honneur de connaître l'une d'elles, la duchesse de Bedford : elle me reçut avec beaucoup de bonté. La fille aînée du duc, lady Caroline est une fort belle personne; il a en outre onze enfants, mais ils ne dînent pas encore à table. Lord Bathurst et son frère étaient au château, ils furent très-prévenants pour moi. Lord Bathurst est excellent cultivateur en Angleterre, mais n'est pas encore arrivé à donner de longs baux à ses fermiers : j'ai lieu de croire, d'après sa conversation, que sa visite en Écosse lui fera adopter cette première de toutes les améliorations.

On voulait absolument me garder au château jusqu'à l'arrivée du duc : mais, comme elle ne devait avoir lieu que le lendemain, au soir, et qu'il eût fallu que je restasse le surlendemain, je fus obligé, à mon grand regret, d'aller plus loin.

J'appris que le docteur Hay était le meilleur ami du duc : il lui a sauvé la vie à Waterloo où le duc était comme aide-de-camp du duc Wellington et où il fut atteint par une balle qui lui traversa les poumons: toute la faculté du camp le regardait comme perdu, lorsque le docteur Hay se présenta pour le guérir, en disant que les chirurgiens français, en pareil cas, saignaient à blanc ; comme le cas était désespéré, on le laissa faire, et il a eu le bonheur de sauver un excellent homme qui a fait depuis un bien infini, et qui continuera, tant qu'il vivra, à en faire, car c'est toute sa préoccupation.

Terre du colonel Gordon of Parck.

Je montai en diligence à six heures du matin, après cinq heures de sommeil : j'ai trouvé dans cette voiture un colonel du nom de Gordon of Parck, qui habitait une terre à huit milles de la ville de Banf, où j'allais. Après qu'il eut causé quelque temps avec moi, il m'engagea à l'accompagner chez lui où il pourrait me donner bien des renseignements, car il était occupé à d'immenses améliorations agricoles que je pourrais voir à leurs différents degrés d'avancement.

J'acceptai avec reconnaissance son aimable invitation, et j'eus tout lieu d'en être satisfait, car cela me procura la connaissance d'un homme de mérite qui est excellent, et j'appris beaucoup pendant les deux jours que je passai avec lui; il arrivait d'Anvers où il est fixé depuis deux ans pour l'éducation de sa nombreuse famille, composée de douze enfants, dont trois sont au service, lui-même a servi dans la marine, et pendant quelque temps sur le vaisseau le *Montaigu* commandé par le capitaine Mowbray qui avait eu la bonté de me ramener de Malte à Otrante, mais il ne s'y trouvait pas en même temps que moi; il avait fait partie de l'escadre qui força le passage des Dardanelles, et la frégate sur laquelle il se trouvait fut coulée. Il revient deux fois par an pour diriger ses travaux d'améliorations agricoles; il m'a fait parcourir une partie de sa terre qui est de deux mille cinq cents hectares, dont un cinquième est encore en bruyères ou en vastes tourbières; il a planté, depuis vingt-cinq ans qu'il est propriétaire, cinq cents hectares en bois mêlés d'essences dures et arbres résineux, beaucoup de mélèzes; il a mis toute la ferme du château en herbe, et l'a louée à des fermiers voisins, à raison de 125 fr. l'hectare; il prend en main ses différentes fermes les unes après les autres pour les améliorer, et puis les loue 50 fr. l'hectare ; elles ne rapportaient auparavant que 15 fr., et il lui en coûte 400 fr. par hectare pour les mettre en état ; l'argent qu'il emploie en améliorations lui rapporte donc près de 9 pour %, et après le premier bail expiré, le loyer augmentera de beaucoup : cela est dû à son savoir faire et à sa grande activité.

Il est partisan des petites fermes et ne voudrait pas, comme font d'autres propriétaires, réunir plusieurs petites fermes pour en faire une grande, ce qui diminue beaucoup la population de ce pays et force beaucoup de ces braves montagnards à aller en Amérique et en Australie, nécessité qui les met d'abord au désespoir, parce que, comme les Suisses, ils sont très-attachés à leur pays, mais cette émigration leur assure ordinairement une meilleure position.

Je pense, comme le colonel, qu'il y aurait de l'avantage à adopter la nourriture à l'étable et à suivre la culture belge autant que possible, après qu'on aurait mis la ferme en état par des réparations de bâtiments, desséchements, défrichements, extraction de pierres et chaulages, dépenses qui pourraient bien s'élever à 1,000 fr. par hectare ; je crois qu'on la louerait alors plus avantageusement aux petits fermiers qu'aux grands, et le capital, employé en améliorations, serait ainsi amorti après quelques années : mais pour cela, il faut que le propriétaire puisse faire ces énormes avances, il faut qu'il en comprenne l'avantage et qu'il sache les faire d'une manière économique, sinon, les petits fermiers, étant dans l'impuissance de les entreprendre, il devra, bon gré malgré, avoir recours aux grands fermiers qui ont le savoir faire et les capitaux nécessaires, car un bon père de famille doit chercher à améliorer la fortune de ses enfants, et un bon citoyen, les richesses de son pays. Nous avons vu un pauvre homme qui, il y a huit ans, a pris à ferme du colonel quatre hectares de bruyères et cinquante ares de terrain tourbeux : on lui a donné le bois nécessaire pour construire une chétive cabane et une étable, et avec cela 125 fr., auxquels il a ajouté 75 fr. qu'il avait pour compléter sa première bâtisse : depuis, il a ajouté quelques petits appentis. Il lui reste environ cinquante ares à défricher; il préfère le fonds tourbeux au sablonneux dans lequel se trouvent encore des pierres et qui est, on ne peut plus, ingrat; il a une forte femme et huit enfants dont les deux aînés sont en service; sa famille était bien vêtue, et ses enfants avaient une mine de prospérité qu'il faisait plaisir à voir, bien qu'ils ne vécussent que de pommes de terre et parfois d'un peu de lait. Cet homme a un bon cheval de force moyenne, une vache, deux génisses et un veau, mais point de cochons ; il est obligé d'acheter de l'avoine et n'a pas de foin, son propriétaire lui en cède.

Le prix de ferme qu'il paie est de 17 fr. 50 c. par hectare ; il désire prendre plus de terrain dès qu'il aura achevé de défricher celui qu'il a ; il a un petit tombereau parfaitement conditionné et peint, une petite charrue peinte : le premier coûte 112 fr. 50 c. et la seconde , 50 fr.; la tourbière, qui est à côté de la maison, lui fournit son chauffage. Petit à petit il élèvera ses enfants, augmentera sa ferme et finira par devenir à son aise, en travaillant bien et en économisant beaucoup.

Un autre fermier, que nous avons ensuite visité, a commencé de la même manière : il a maintenant une ferme de vingt-cinq hectares, vingt bêtes bovines, trois chevaux, deux tombereaux, enfin, une ferme bien montée et de superbes récoltes d'avoine, de turneps et de vesces mêlées d'avoine : sa maison est assez vaste pour le pays, et fort bien ; ainsi que la première, elle n'a pas de plancher sous la toiture qui est en paille, c'est celle-ci qui forme le plafond de la pièce. Les récoltes de ce fermier sont très-belles, bien que venues en partie sur la tourbe pure, chose que je n'eusse pas voulu croire si je ne l'avais pas vue, et cependant ces gens ne sont pas assez riches pour acheter beaucoup de chaux : c'est en brûlant cette tourbe qu'ils font des cendres qui, mêlées avec la couche arable, leur donnent de superbes avoines, pommes de terre, turneps, vesces et herbes ; la famille était fort bien vêtue, le fils aîné avait un habit en drap bleu et des boutons en cuivre guillochés ; la mère avait la mise d'une bourgeoise de petite ville de France : c'était un dimanche, et les filles, lorsqu'elles vont à leur église ont un joli chapeau de paille et un beau châle de tartan.

Le colonel est propriétaire de toute la paroisse, il est donc chargé de bâtir et d'entretenir la maison du curé, l'église et l'école ; il paie le ministre, le maître d'école et moitié de toutes les réparations des nombreux chemins et ponts ; l'entretien des routes à barrières seul n'est pas à sa charge, il y est pourvu à l'aide du droit de péage qui ne rend toutefois pas plus de 2 pour °/₀ d'un capital de 2,000 livres sterlings, soit 50,000 fr. qu'elles lui ont coûté : le pays, où se trouve sa terre, est trop retiré et parcouru par un trop petit nombre de voitures pour qu'il puisse espérer un plus fort intérêt.

Lorsque le colonel Gordon hérita de sa terre, il y a vingt-six ans, il y avait mille hectares de terre cultivée ; maintenant, il y en a plus de deux mille cinq cents, et cinq cents qu'il a plantés en bois ; tous les ans il bâtit quelques petites fermes, fait faire des tranchées ouvertes pour assainir une partie des tourbières ou bruyères, et puis il les loue pour quelques schellings l'acre de cinquante ares, rente qui augmente à moitié du bail qui est de dix-neuf ans ; de cette manière, sans faire de trop grandes dépenses, il arrivera petit à petit à défricher tout ce qui en est susceptible et à planter le reste ; il plante dans les bruyères, à trois pieds, en tous sens, en faisant simplement, avec un plantoir, un trou dans lequel il place un petit mélèze, pin ou sapin, de deux ans, qu'on paie de 2 fr. 50 c. à 3 fr. 75 c. le mille : il en faut quatre mille par cinquante ares, une femme en plante mille par jour, le tout revient à 27 fr. 50 c. par hectare : on ne peut expliquer la réussite de plantations si mal faites que par l'humidité du climat.

Le colonel, désirant créer une bibliothèque pour la commune, a ouvert, parmi ses nombreux fermiers et locataires, une souscription à la tête de laquelle il s'est placé pour une somme de 250 fr., et ces braves gens lisent, le soir, à la veillée, de bons livres qui les instruisent en les amusant ; il convient avec ses fermiers, qui ont besoin de faire des rigoles de desséchement, qu'il en paiera la moitié, à condition qu'il en vérifiera avec eux la direction, et qu'il surveillera la manière dont on les établira.

Il a vendu à M. Sawson, grainier à Édimbourg, pour 1,400 fr. de grains de rutabagas qu'il avait replantés dans un hectare de tourbe nouvellement défriché et assaini.

Il fait des rigoles ouvertes d'environ dix-huit pouces de profondeur, dans les parties des prés qui souffrent de l'humidité : cela lui a fort bien réussi et ne coûte que 3 fr. les cent mètres, mais il serait à craindre que des poulains, qui galopperaient dans ces prés, ne s'estropiassent.

Son jardinier, qui est depuis huit ans avec lui, m'a paru fort instruit, du moins il connaissait les noms botaniques des différentes plantes que nous trouvions sur notre chemin ; il est logé, a dix-huit litres de farine d'avoine par semaine, deux litres et demi de lait par jour, et 450 fr. par an.

On fabrique maintenant à Dundée, chez M. Newal and Cie, des câbles faits en fil de fer, qui sont bien plus durables et moins lourds que ceux de chanvre :

on les emploie pour traîner les convois sur les chemins de fer qui ont des machines à vapeur fixes : cette industrie a été importée d'Allemagne où elle existe depuis quelques années.

J'ai vu un étalon de travail très-fort, qui, ayant coûté 1,650 fr., a rapporté, dès la première année, ce qu'il avait coûté ; le prix du saut est 12 fr. 50 c. pour les fermiers de la terre, lorsqu'ils ne veulent pas être assurés pour le poulain, ou 25 fr. dans le cas contraire ; les étrangers paient moitié en sus ; ce cheval est loin de valoir, pour les formes, nos bons percherons.

J'ai vu aujourd'hui du lin pour la première fois, depuis mon voyage dans la Grande-Bretagne : il était beau.

J'ai compté sur la route le nombre de pas métriques qui se trouvent entre deux dépôts de pierres ; il y en avait dix-huit cent cinquante : cela me paraît beaucoup trop éloigné, mais ces dépôts devraient être adoptés en France : ils sont formés de trois murs qui ont environ, celui du fond, six mètres, et les deux de côtés, trois mètres de longueur, sur une élévation d'un mètre et demi ; il servent à contenir et en même temps à mesurer les pierres cassées pour recharger les routes : on les reçoit d'abord pour voir si elles sont bien cassées, ensuite, l'entrepreneur remplit ledit dépôt dont on connaît la contenance : cela évite le mesurage par mètre cube qui est très-long ; je n'ai vu ces dépôts qu'en Écosse, ainsi que la machine à enlever la boue sur la route, qui, substituée à la pelle, économise l'ouvrage des cantonniers de plus de moitié : ce serait deux choses à imiter chez nous, d'autant plus que les dépôts de pierres permettent de rétrécir les routes de plusieurs pieds.

Le pays, que j'ai parcouru depuis le château du Parc jusqu'à la ville de Banf (huit milles), m'a paru bien cultivé et en grandes fermes, mais fort laid.

Je quittai le bon colonel après déjeuner avec l'espoir de le revoir à Aberdéen; il me donna deux lettres dont l'une devait me procurer la permission de traverser le parc de lord Fife, et l'autre me servait d'introduction chez un ancien major qui est maintenant un fort bon cultivateur.

A Banf, qui n'a d'intéressant que son port, je pris un gig qui me fit traverser le charmant parc de Duff Honse, résidence de lord Fife : le château, sans être vaste, est très-bien bâti : ce parc est très-remarquable; ses principales beautés proviennent de beaux bois et d'une très-belle rivière qui s'est frayée son chemin entre des côtes rocheuses fort élevées; il est, ainsi que ses beaux bois, assez étroit, mais d'une longueur de plus de trois milles; le lit de la rivière, à son extrémité, est resserré par des roches très-hautes, dont on a profité pour construire un pont d'une seule arche fort hardie, élevé de cent pieds au-dessus de la rivière : cet endroit mérite qu'on vienne le visiter, même d'un peu loin : c'est une véritable vallée suisse avec des points de vue superbes.

Ferme-modèle de Whitefield.

Le 12 octobre, je me rendis de bonne heure à la ferme-modèle de Whitefield appartenant au comte Ducie et dirigée par M. Morton, cultivateur écossais très-capable. Cette ferme, qui mérite d'être visitée par tout amateur d'agriculture, est située dans la paroisse de Cromhal, à dix-neuf milles de Glocester, sur la route de Bristol, et à peu près à la même distance de cette dernière ville.

La ferme est composée de cent hectares ; elle était en pâturages de mauvaise qualité et louée au-dessous de 5,000 fr. ; ces pâturages étaient couverts d'une très-grande quantité d'arbres énormes, chênes et autres, qui ont été arrachés, il y a deux ans, et vendus pour 75,000 fr. Il faudra à M. Morton, pour mettre cette ferme en bonne valeur, 200,000 francs, dont 25,000 pour les bâtiments qui sont tous neufs, à l'exception de la maison d'habitation. Toute la ferme a été saignée par des rigoles couvertes, distantes de seize pieds : comme il n'y a pas de pierres sur les lieux, on a employé six cent mille tuiles qui coûtent de 35 à 50 fr. le mille, suivant leur dimension.

On chaule à raison de deux cent quatre-vingt-un hectolitres par hectare : la chaux est fabriquée sur les lieux à raison de soixante-dix hectolitres par semaine. M. Morton compte avoir soixante-quatre hectares en culture et trente-six en herbages permanents qu'il créera lui-même : tous les anciens pâturages ont été défrichés, ils étaient mauvais, remplis de mauvaises herbes aquatiques, pleins de fossés et d'inégalités qu'on a eu soin de combler et de faire disparaître.

Il aura seize soles, chacune de quatre hectares : la première, *turneps;* deuxième, *froment;* troisième, *pommes de terre;* quatrième, *froment* ou *avoine,* selon la qualité des terres ; cinquième, *betteraves;* sixième, *froment, avoine* ou *orge,* avec vingt-cinq livres de trèfle rouge, autant de blanc, et quatre-vingt-huit litres de ray gras d'Italie par hectare ; septième, *pâture* pour les moutons qu'on tient au parc sur ce pâturage, ce qui peut se renouveler jusqu'à cinq fois dans l'année ; huitième, *avoine* ou *froment;* neuvième, *rutabagas;* dixième, *céréale;* onzième, *pâturage;* douzième, *colza ;* treizième, *céréale;* quatorzième, *herbage;* quinzième, *fèves;* et seizième, *céréale.* Il ne veut récolter du foin que pour ses bêtes malades ; les chevaux seront nourris à la paille hachée et aux grains; les bêtes à l'engrais le seront avec des turneps et des tourteaux, et ses élèves bêtes à laine n'auront que de la paille et des turneps : ces élèves sont de race croisée Southdown et Cotswold : M. Twynam de Whitchurch, en Hampshire, a obtenu les plus grands succès de ce croisement : ses agneaux de six mois ont été vendus, pour être engraissés, 44 fr. la pièce.

M. Morton emploie beaucoup de débris de manufactures de draps, principalement de la tonte des étoffes, qui lui reviennent à 25 fr. les mille kilog. : ils

sont mêlés avec des cendres de charbon de terre :
il en a mis, cette année, deux mille cinq cents kilog.
à l'hectare. Des turneps, fumés avec de la poussière
d'os, à raison de vingt-un hectolitres par hectare,
ont été infiniment plus beaux, mais les os coûtaient
187 fr., tandis que les débris de manufactures de
lainage n'en coûtaient que 62 ou le tiers.

Ses rutabagas nommés Skirvings, du nom du grainier de Liverpool à qui on les doit, sont infiniment
plus beaux que les différentes espèces cultivées comparativement. Il a un champ dont le produit a été
estimé en ma présence, par plusieurs fermiers qui
visitaient la ferme en même temps que moi, devoir
être de soixante-quinze mille kilog. à l'hectare : on
trouve à vendre les mille kilog., à raison de 25 fr.,
à des fermiers qui les emmènent chez eux ; il a des
betteraves et des carottes blanches de Belgique, ainsi
que des navets globe de toute beauté.

Son avoine, dite *Hopetown*, avait six pieds de hauteur et était fort épaisse, tandis que celle de Pologne
n'en avait que trois, était fort claire, et avait cependant été semée sur un terrain pareil et à la même
époque.

Il a fait faire une machine à battre à double tarare :
le bon grain, qui en sort, passe sur un crible en fil
de fer, long de dix pieds, qui achève de le nettoyer,
et le conduit dans le sac que la machine monte au
grenier quand il est plein, tandis que les ôtons et épis
cassés retournent sous le batteur au moyen d'une

chaîne sans fin ; une autre chaîne sans fin monte les gerbes au deuxième étage où se trouve la machine à battre. Les gerbes sont amenées des meules sur un charriot qu'un homme pousse devant lui sur un petit chemin portatif, à rails en bois, que l'on place entre les deux rangées de meules : l'homme, qui pousse ce charriot, renverse sa charge et le ramène vide vers la meule. Au lieu d'un ou deux râteaux tournants, on a une machine nommée le shaker ou secoueur de Ritchie, que j'avais vue deux fois en Écosse ; cette machine a pour moteur une machine à vapeur de la force de neuf chevaux, dont le générateur, chauffé par le centre, économise, dit-on, moitié du combustible : mais elle coûte 6,250 fr. au lieu de 3,125 fr. qu'a coûté celle de M. Watson, de Keylor.

Les meules sont très-bien faites par les laboureurs écossais de M. Morton : trois hommes en couvrent six par jour. Il a cinq Écossais qu'on dirait avoir été choisis à la taille : ce sont de très-beaux hommes, mais qui coûtent 675 fr., outre leur nourriture : le maître-valet reçoit 925 fr. : ce sont de bien hauts prix.

Nous avons vu défoncer sans ramener le sous-sol à la surface : l'ouvrage était parfait et demande deux bons chevaux à la première charrue, quatre chevaux et deux hommes à la charrue fouilleuse ; le terrain n'est pas compact ; les chevaux étaient écossais, de grande taille et forts, car ils n'avaient pas l'air d'être surchargés ; le dynamomètre accusait de mille à quatorze cents livres pour les quatre chevaux ; le travail réuni des deux charrues allait à quinze pouces de profondeur : ces chevaux écossais ont coûté de 825 à 1,000 fr., ils ont un bon pas, étant hauts sur jambes, mais je crois nos percherons infiniment supérieurs.

On nous dit que le champ, où se trouvaient les plus beaux rutabagas, avait été défoncé de cette manière. M. Morton a fait construire plusieurs citernes à urine, mais il ne les veut pas couvertes, prétendant qu'il faut de l'air pour que l'urine puisse fermenter. Il se sert d'instruments, de tombereaux et même de harnais écossais : le tout a été fourni par MM. Drummond, de Stirling ; mais il a monté une grande manufacture de machines de toutes espèces, dans laquelle on s'occupera beaucoup du perfectionnement des instruments aratoires.

M. Morton a eu la bonté de me donner un ouvrage d'agriculture qu'il a publié, il y a quelque temps, ainsi que le premier rapport des améliorations entreprises sur la ferme-modèle de lord Ducie.

J'ai aussi emporté de sa ferme quelques épis de huit espèces de froment qui ont de la réputation. Pendant que j'étais chez lui, il y est venu une dizaine de cultivateurs du comté de Glocester pour examiner sa culture : parmi eux, il s'en trouvait trois qui cultivent sans charrue, avec la grande pelle à écobuer qu'on pousse devant soi ; ils ne veulent qu'une culture superficielle de la terre, ne remuant que deux à trois pouces ; ils écobuent tous les cinq ans, dans un terrain léger, peu profond et calcaire : un d'eux cultive ainsi quarante hectares, depuis trente ans, avec succès, m'a dit M. Morton, et sans employer beaucoup d'engrais : ces Messieurs voulaient m'emmener avec eux, mais je fus obligé, à mon grand regret, de continuer ma route. L'introducteur de cette méthode se nomme M. Robert Bémat, de Donnington, près Stow, en Glocestershire.

J'ai parcouru, depuis Whitefield, en me rendant à Bristol et à Bath, un pays charmant et fort riche ; en continuant ma route sur Londres, j'ai encore traversé, pendant une dizaine de lieues, un fort beau pays : mais ensuite, j'ai trouvé, pendant fort long-temps, un pays ressemblant beaucoup à la Champagne : point de clôtures, et une très-mauvaise culture ; au lieu des bonnes petites charrues à un cheval de la Champagne, on voit ici, pour des terres en apparence aussi légères, des charrues attelées de trois chevaux ou de quatre bœufs : j'en ai vu une dont les quatre bœufs étaient à la file. Après avoir fait cinquante-deux milles depuis Bath, nous avons repris le chemin de fer qui conduit de Bristol à Londres et qui doit être terminé dans dix-huit mois : ce chemin, qu'on nomme le *great Western* et dont soixante-dix milles sur cent vingt sont terminés, est le plus beau, le plus large de rails et le plus solide de tous ceux qui existent : c'est M. Brunel, fils du célèbre ingénieur de ce nom, qui le fait : ces cent vingt milles, ou quarante-huit lieues, coûteront plus de 175,000,000 fr.; on assure cependant qu'il produira un bon intérêt. Après avoir fait une vingtaine de milles sur le chemin de fer, j'ai trouvé un omnibus qui m'a conduit à Oxford, très-belle ville tant par la largeur de ses rues que par sa position sur les bords de la Tamise qui y commence à être navigable : ce que l'on y remarque surtout, ce sont des monuments magnifiques, anciens et modernes, qui, formant vingt-quatre colléges, ont presque tous des chapelles qui passeraient pour de belles églises, des bibliothèques superbes, enfin d'immenses réfectoires qui, à l'intérieur, ressemblent à des chapelles; les promenades sont fort belles, car elles sont couvertes d'arbres gigantesques par la hauteur et la grosseur; j'ai suivi une avenue d'ormes très-longue, et dont tous les arbres avaient de dix à douze pieds de tour, à hauteur d'homme.

La rivière est couverte de chaloupes très-longues et très-sveltes, servant à l'amusement des étudiants qui font des joûtes et des paris à qui ira le plus vite en ramant.

Je suis parti le 14 octobre par un épais brouillard et une forte gelée blanche, et j'ai rejoint le chemin de fer où je l'avais quitté; le pays qui environne Oxford est très-fertile, mais ne m'a pas paru trop bien cultivé : j'y ai vu la plus mauvaise charrue que j'aie encore rencontrée dans mon voyage.

Je remontai sur le chemin de fer à huit heures;

j'ai traversé un pays à fonds calcaire, en général peu fertile ou même ingrat, excepté les parties qui avoisinent la Tamise dont les bords sont de beaux prés plantés d'arbres magnifiques et garnis de jolies maisons de campagne et de fort beaux villages; le pays s'améliore en avançant et devient très-beau près de Windsor.

Les berlines, sur ce chemin de fer, sont immenses et excellentes : les voitures de seconde classe avaient huit compartiments contenant chacun douze places, mais où quatorze personnes seraient encore à l'aise : elles peuvent contenir quatre-vingt-seize personnes. Presque tous les trains que j'ai vus avaient deux énormes machines locomotives, tant ils étaient considérables; nous voyagions sur ce chemin de fer à raison de trente milles, ou douze lieues, à l'heure, tandis que sur les autres on n'en fait que vingt, ou huit lieues.

Je me suis arrêté à Slaw, station qui est à deux milles de Windsor, un omnibus m'y conduisit; nous passâmes devant le beau collége d'Éton destiné aux enfants des meilleures familles : mais ce qui serait si beau et si remarquable dans un autre lieu, attire à peine l'attention du voyageur dont les yeux se portent involontairement sur le magnifique château royal de Windsor : il est immense et ne ressemble à rien de ce que j'ai vu en fait d'habitations royales; il est situé sur une hauteur qui domine la Tamise et la ville; la vue du haut du donjon, où est arboré le grand pavillon royal, est admirable.

Je pris une voiture pour aller voir M. de Rham qui demeure à Wingfield, quatre milles de Windsor: mais je ne le trouvai pas, car il était à Londres; je parcourus sa ferme qui se compose de cinquante hectares, dont vingt-sept en terres labourables de bonne qualité, mais ayant à souffrir beaucoup des nombreux arbres et haies; il a fait beaucoup d'expériences avec différents engrais; la maladie des bêtes à cornes règne chez lui pour la seconde fois, et a mis ses vaches dans un déplorable état. Il a donné à la commune un terrain sur lequel il a bâti une belle école où les enfants pauvres viennent recevoir une excellente instruction qu'ils paient avec les légumes qu'ils font venir sur le terrain de l'école; ces enfants sont nombreux : j'en ai vu une partie occupée activement à ramasser, le long de la route, les feuilles des arbres et le crottin destiné à fumer leur jardin.

Je retournai à Windsor où j'arrivai peu de temps avant que le couple royal allât se promener dans une petite voiture attelée de deux poneys gris que le charmant prince Albert conduisait : la reine et le prince saluaient les assistants avec beaucoup de grâce; il y avait pour tout cortége une autre petite voiture avec trois dames et quelques messieurs à cheval.

Je repris encore une fois le chemin de fer qui m'amena, à la nuit tombante, dans la plus grande et la plus active des villes. Quoique je n'aie eu qu'un jour à passer à Londres, je suis allé voir la fameuse brasserie de MM. Barclay et Perkins : cet établissement

colossal, qui a cinq hectares de terre, presque entièrement couverts de bâtiments fort élevés, est meublé
de cent vingt-six foudres dont les plus petits contiennent environ mille hectolitres de bière ; les plus
grands, qui sont au nombre de trente, en contiennent
chacun quatre mille cinq cents. On ne fabrique que
de l'aile, bière très-capiteuse, qui se vend 60 fr. les
cent soixante litres, et du porter qui ne vaut que 45 fr.
la barrique : on en vend en moyenne, par jour, mille
cinq cents barriques ; il y a vingt-quatre greniers qui
sont des pièces carrées, prenant du rez-de-chaussée
au toit qui est à soixante pieds de terre : les plus
grands contiennent cinq mille six cent vingt hectolitres d'orge, et les moins grands, trois mille six cent
cinquante-trois ; il a cinq grandes chaudières de quatre cent cinquante à six cents hectolitres, chacune
ayant sa cuve de fermentation et employant en une
fois trois cent trente-six hectolitres d'orge, enfin des
étages sans fin où se trouve la bière pour se refroi-
dir, d'autres, où elle se clarifie, etc. : on emploie
cent soixante-dix chevaux énormes et de trois à quatre cents personnes, à l'intérieur.

J'ai vu, à Londres, les instruments aratoires de
MM. Cottam et Hallen : ils sont fort inférieurs à ceux
des autres fabriques que j'ai vus précédemment ; je
n'y ai trouvé de remarquable que les roues en fer,
pour le perfectionnement desquelles ils viennent de
prendre un brevet, celles convenables à un tombereau à deux chevaux coûtent, y compris l'essieu,
375 fr.

J'ai aussi visité l'imprimerie de M. Clowes qui emploie de trois à quatre cents ouvriers.

Je suis parti le 16 octobre, au matin, avec un convoi du chemin de fer de Southampton, et me suis arrêté à Winchester, où je me croyais fort près de la ferme de M. Twynam que je désirais visiter ; c'est un excellent cultivateur, qui a créé une race de moutons très-profitable, par un croisement South-down et Cotswoold ; il assure qu'elle paie mieux la nourriture que toutes les autres, et ce qui me ferait croire que la chose est vraie, c'est que M. Morton, régisseur de la ferme-modèle de lord Ducie, homme de beaucoup de mérite, a adopté cette race et m'a confirmé ce que M. Twynam annonce : malheureusement, sa ferme est à treize milles de Winchester, et il aurait fallu rétrograder, ce qui m'aurait pris au moins un jour. Je fus donc obligé de renoncer à cette visite et je continuai ma route par le premier convoi.

Une dizaine de milles après avoir quitté Londres, le pays, qu'on traverse et qui fait partie du comté de Surrey, est affreux et très-mauvais : ce sont de détestables bruyères ; vient ensuite le comté de Hampshire qui n'est composé que de petites terres calcaires sans fond, mais les environs de Southampton sont fort beaux et fort bons : je ne pus m'y arrêter, car la malle-poste partait de suite pour Portsmouth : le pays, situé entre ces deux villes, n'est pas bon : on voit de temps en temps l'île de Wight qu'on dit charmante et très-bien cultivée ; je ne pus voir l'arsenal de Portsmouth , mais j'eus du moins le plaisir d'admirer plusieurs vaisseaux de ligne ; en me rendant par Chichester à Brighton, je parcourus un pays fort bien cultivé et en général assez bon , avec sous-sol calcaire à peu de profondeur; on voit beaucoup de terres ensemencées en trèfle pur , ce qui ne se fait presque nulle part en Angleterre; on voit beaucoup de beaux champs de turneps et de colzas magnifiques, qui vont être livrés aux moutons, tous Southdown dans ce pays.

On me montra le château de Goodwood, résidence habituelle du duc de Richmond : j'étais désolé de ne pouvoir m'y arrêter ; nous traversâmes une partie de la culture du duc qui me parut fort bien entendue et soignée ; la terre est légère, mais les champs sont trop petits.

Plus on se rapproche de Brighton, plus les terres s'améliorent : j'ai vu beaucoup de charrues à trois chevaux et une à cinq, et cela, dans de petites terres ; les chevaux sont forts, mais lourds et mal faits.

Après avoir parcouru , sur le bord de la mer et dans son immense longueur, la magnifique ville de Brighton , je fus obligé de retourner à Londres , le bateau à vapeur de Dieppe ne devant partir que quelques jours plus tard ; le lendemain étant dimanche, il n'y avait pas de diligence pour Douvres, route que je désirais suivre : heureusement, j'étais seul dans la malle-poste , et je pus m'y mettre fort à l'aise ; j'arrivai, le matin de bonne heure, à Londres, d'où je repartis une heure après pour Douvres, où j'arrivai fort tard et que j'ai quittée avant le jour ; nous eûmes une grosse mer, mais un vent très-favorable qui nous fit faire la traversée en deux heures et un quart.

Je partis de Calais dans la diligence Notre-Dame-des-Victoires qui me fit faire soixante lieues en trente-quatre heures ! Quelle différence d'un pays à l'autre, quoiqu'il ne faille que deux heures pour se rendre du premier dans le second !

J'admirai beaucoup la bonne culture et la fertilité des terres de l'Artois, avec ses excellentes charrues sans avant-train et à deux chevaux, tandis que, dans le comté de Kent, où se trouve aussi une excellente culture, on a des charrues labourant très-mal et exigeant quatre forts chevaux et deux hommes : mais, si nous regardons les troupeaux, quelle pitié de voir ces mauvais moutons flamands si près des excellents Southdown, et pas un de ceux-ci en France !

RÉSUMÉ DE MON VOYAGE.

Ce qui m'a frappé le plus en Angleterre, c'est la beauté des bestiaux, et surtout leur précocité ; presque tous les bœufs sont tués à l'âge de quatre ans, on en tue même une assez grande quantité à trois ans fort gras et d'un très-grand poids : les plus belles espèces sont, parmi les grandes bêtes, les courtes cornes et les Hereford, et parmi les petites, les North Devon : les premiers arrivent de six cents à mille kilog., et les derniers, de trois à quatre cents kilog. L'Écosse a l'espèce d'Angus et celle de Galloway, sans cornes ; leur couleur est noire et elles sont très-bonnes pour l'engraissement, mais moins précoces d'une année que les espèces précédentes. Les vaches du comté d'Ayr passent pour être les meilleures laitières de toute l'île : une bonne vache donne, par jour, pendant deux à trois mois, dix-huit kilog. de lait : il y en a qui en donnent jusqu'à vingt-deux kilog., mais ce lait n'est pas aussi gras que celui des espèces qui en donnent moins. Vient enfin l'espèce nommée West Highland, petite, noire et à grandes cornes : elle fournit la viande la plus estimée à Londres, et a le grand mérite de se contenter des plus mauvais pâturages et de supporter facilement les intempéries : elle conviendrait, je pense, à la Sologne et autres pays du même genre.

Ce qui surtout m'a convaincu du grand service que

nous rend le Ministre de l'agriculture, en faisant importer des taureaux courtes cornes qu'on revend aux cultivateurs français : c'est le résultat du croisement de gros taureaux courtes cornes avec cette espèce de vaches, la plus petite qui existe, ou du moins que j'aie jamais vue : ce croisement fournit des animaux qui, à l'âge de quatre ans, arrivent au poids de cinq cents kilog. et plus.

Il m'a encore été assuré, par des personnes dignes de foi, que les vaches, provenant d'un père courtes cornes et de vaches de l'espèce du comté d'Ayr, étaient aussi meilleures laitières que leurs mères, sans compter l'augmentation de taille, la plus grande précocité et le plus d'aptitude à prendre la graisse.

Partout, au contraire, où j'ai trouvé la race des courtes cornes pure en Écosse, elle m'a paru dégénérer ou être infiniment moins belle qu'en Angleterre; les pâturages du nord ne sont pas assez gras pour elle. Je suis persuadé, d'après ce que j'ai vu de plusieurs essais qui en ont été faits en France, qu'il n'y a guère que les meilleurs herbages de la Normandie où cette espèce pourrait être élevée pure avec succès, encore suis-je persuadé qu'elle devrait être mise entre les mains d'un bon éleveur de courtes cornes *anglais* pour ne pas dégénérer.

L'espèce North Devon, pure, petite et sobre, pourrait, je pense, réussir en France, car elle s'accommode bien des terres peu fertiles, elle n'a pas besoin de riches herbages : cependant elle est reconnue par tous les Anglais pour fournir les bœufs de travail les plus forts et les plus actifs de toute l'Angleterre ; elle s'engraisse parfaitement à l'âge de quatre ans.

Au reste , je ne suis pas très-désireux de voir importer cette espèce , ni les autres races écossaises qui peuvent avoir du mérite , parce que je pense que nous avons , en France , d'excellentes espèces de bêtes à cornes , que le seul croisement avec les courtes cornes pourrait promptement et grandement améliorer : c'est la seule chose que je conseille en attendant que nous ayons acquis les connaissances des éleveurs anglais. Le perfectionnement par l'élève des bêtes pures demanderait un demi-siècle , tandis que le croisement de nos races , telles qu'elles sont , augmentera immédiatement la qualité et la quantité de viande de boucherie.

Mais ici , il faut que je dise que ce qu'on regarde, en Angleterre et en Écosse , comme un croisement convenable et profitable , s'arrête à la première génération ; ainsi tous les produits mâles et femelles, provenant d'un croisement entre deux différentes races , sont engraissés et tués sans avoir servi à la reproduction : je cite ceci comme étant adopté , à très-peu d'exceptions près, par tous les agriculteurs de ces pays ; je n'entreprendrai pas ici de donner les raisons par lesquelles ils appuient l'usage adopté généralement de ne pas tirer race de bêtes croisées , car cela me conduirait trop loin ; mais il me semble que nous devons profiter de leur expérience et suivre leur exemple, quitte à faire en petit des deuxièmes et troisièmes croisements, pour voir si, dans notre position, ils seraient plus profitables.

Les éleveurs qui ne seront pas en position de se procurer des taureaux courtes cornes, et qui redoutent les innovations, feront bien de s'assurer par leurs propres yeux du résultat de ces croisements entrepris par d'autres agriculteurs.

Venons maintenant aux bêtes à laine : les Dishley ou Leicester, dont l'amélioration, datant de quatre-vingts ans environ, est due au fameux Bakewell, ne conviennent pas plus à la France dans leur état pur que les courtes cornes ; je suis persuadé, d'après ce que j'ai vu de cette espèce dans bien des fermes, en Angleterre et dans une grande partie de l'Écosse, qu'elle dégénérera dès qu'elle sera privée des gras pâturages qu'un climat humide entretient toujours verts : mais elle convient, on ne peut mieux, pour le croisement de nos races indigènes, et surtout pour celui avec la race mérine qui a de la peine à prendre la graisse, et qui n'arrive même, à l'âge de cinq ans, qu'à un poids très-faible ; tandis que les plus beaux moutons de cette race, soit pure, soit croisée, tués à Paris, ne pèsent que vingt kilog. viande nette, les anglos-mérinos de lord Western, préparés pour le concours, ont pesé, à trente mois, soixante-deux kilog. et dix kilog. de suif, et peuvent être tués déjà à vingt mois, pesant cinquante-neuf kilog., et huit kilog. de suif : ce croisement, qui se fait déjà assez en grand dans les environs de Blois, réussit à merveille et devient très-profitable; il est fort à désirer que les cultivateurs, qui élèvent des mérinos, voient ce qui se fait en ce genre, entre autres, à Maison Alfort, cela les encouragera à essayer ce croisement dont ils se trouveront bien, et qui fournira, en très-peu d'années, une grande quantité d'excellente viande, car il a le grand avantage de ne demander qu'une bien petite avance, celle d'un bélier de 150 à 200 fr. L'espèce améliorée des bêtes à laine du comté de Kent convient aussi pour ce croisement, elle a une laine plus fine que les Leicester, mais elle est moins forte en taille, et peut ainsi s'arranger d'un pays moins fertile.

Vient ensuite l'excellente espèce Southdown qui a pris naissance dans les terrains calcaires et arides des comtés de Sussex, Hampshire et autres pays ressemblant infiniment à la Champagne par le sol crayeux et par l'aspect découvert; elle a envahi, depuis, une partie des terres d'Angleterre qui ne se trouvent pas assez fertiles pour les Leicester; elle y arrive, à l'âge de dix-huit ou vingt mois, au poids de trente-six à quarante kilog. d'une viande des plus recherchées en Angleterre; on en voit même, de cet âge, qui pèsent de soixante à soixante-treize kilog.; leurs toisons pèsent chacune de deux à deux kilog. et demi (lavées à dos), et leur prix moyen est 2 fr. le kilog.

Cette espèce conviendrait parfaitement, dans son état pur, aux parties de la France où les mérinos ne sont pas établis et qui ne sont cependant pas ingrates;

son croisement avec nos petits moutons du pays, entre autres avec les brebis de Sologne, aurait le plus grand succès et augmenterait bien vite la quantité et la qualité de la viande sur nos marchés.

Les Chéviot, race de montagne et de bruyères, s'accommodent des pâturages les plus grossiers et arrivent, malgré cela, à un poids élevé, les moutons, de l'âge de trois ans, à quarante-cinq kilog. et les brebis, âgées de cinq ans, à trente kilog. ; ils fournissent des toisons de deux kilog. et plus, d'une laine assez belle et longue ; cette excellente race conviendrait, soit pure, soit pour croisement, dans nos provinces les plus ingrates. Il serait du plus haut intérêt, pour les cultivateurs des pays de bruyères, d'essayer le croisement de béliers Chéviot avec les brebis du pays ; pour cela, il faudrait faire venir les béliers du comté de Southerland (Écosse) : on les paie, pris sur les lieux, environ 100 fr. la pièce, et leur transport de là au Hâvre ou à Nantes et Bordeaux serait très-facile et peu cher par les bateaux à vapeur.

Messieurs Seller, Alexandre Craig et Hall, de Seyberscross, sont trois grands fermiers du duc de Southerland, à qui on pourrait s'adresser en toute confiance : leur adresse est à Golspie, comté de Southerland, Écosse ; ils feraient passer facilement ces béliers à Londres par bateaux à vapeur ; on leur indiquerait, dans cette ville, une maison de commission à laquelle ils remettraient les béliers et qui leur en solderait le prix ; les frères Hall, de Seyberscross, m'ont surtout été indiqués comme ayant le plus beau troupeau.

Les cochons croisés napolitains et chinois sont ceux qui sont les plus estimés maintenant. Lord Western, au château de Félix Hall, et M. Fisher Hobbs, à Markshall, près de Coggeshall, comté d'Essex, en ont de très-beaux.

Une méthode très-utile à imiter des meilleurs cultivateurs anglais et écossais, c'est de couper tout le foin qu'on fait consommer, ce qui en économise au moins le tiers. On se trouverait également très-bien, pour la nourriture des chevaux, des bêtes à cornes et même des brebis nourrices, de l'adoption de l'usage reçu dans ce pays d'arroser le foin et la paille hâchée d'eau bouillante, dans laquelle on a fait cuire de mauvais grains mêlés à des rutabagas, des pommes de terre ou des betteraves. L'emploi de l'ajonc pour la nourriture des chevaux et des vaches laitières est une chose qui a aussi un grand succès dans ces pays.

Une pratique presque générale en Angleterre, pour garantir les bêtes à laine des poux et des vers que déposent les mouches, est de les laver, aussitôt après la tonte, avec une décoction d'arsenic, cinq livres de savon mou bouilli dans quarante litres d'eau, à quoi on ajoute, après mélange, soixante litres d'eau : on fait aussi usage, dans le même but, de jus concentré de tabac avec douze parties de térébenthine.

L'habitude de ne faire que de petites gerbes dans la moisson devrait être adoptée, au moins dans les années humides, car, de cette manière, le grain peut être exposé pendant plusieurs semaines au mauvais temps, sans germer ou s'altérer : ces gerbes ont trente-deux pouces de circonférence et sont liées avec une poignée de paille de la gerbe ; on les serre peu, afin que l'air puisse les pénétrer et les sécher si elles viennent à être mouillées ; on pose dix gerbes, cinq contre cinq, debout, et l'on se sert de deux autres pour toiture ; les meules sont supportées sur des pieds en fonte ou en pierre, on a soin de les faire d'un diamètre d'autant plus petit, que le grain qu'on rentre est plus humide, et s'il est fort humide, on place verticalement, au milieu de la meule, un triangle formé de trois perches, qui maintient un vide conique, au milieu duquel l'air, qui pénètre par le bas de la meule, ressort à la hauteur du commencement de sa toiture ; à cet effet, un autre triangle, beaucoup plus petit que le premier, a été placé horizontalement au sommet de la meule, de manière à ce que sa base, portant sur la pointe du grand triangle, son extrémité ressorte en dehors de la meule : si celle-ci se trouvait posée sur la terre, on placerait à sa base un troisième triangle pour donner accès à l'air et produire la circulation.

Une chose bien surprenante pour un cultivateur étranger, c'est de voir, en Écosse, des bruyères, plus mauvaises que celles d'une grande partie de la Sologne, présenter, au bout de deux années de défrichement, les plus belles récoltes qu'on puisse voir : elles sont dues à l'assainissement par rigoles couvertes, au défoncement par la charrue fouilleuse à quinze pouces de profondeur, à l'emploi d'une centaine d'hectolitres de chaux au moins par hectare, à l'application de quatorze hectolitres de poussière d'os, et à l'usage de faire consommer sur le champ, par les moutons, la première récolte de rutabagas, navets ou colzas que suit une orge ou un froment de toute beauté : sur la céréale, on sème six kilog. de trèfle rouge, quatre kilog. de trèfle blanc, deux kilog. de lupuline et soixante-dix litres de ray gras d'Italie, ce qui forme un excellent herbage qu'on fauche une fois la première année, qui est pâturé ensuite jusqu'à la fin de la troisième année, et qui est rompu pour être semé en avoine qui vient ordinairement superbe ; si on n'a pas de poussière d'os à sa portée, on la remplace par de la poussière de tourteaux de colza, dont on met quinze cents kilog. à l'hectare, ou bien par quarante à cinquante milliers de kilog. de fumier; les quatorze hectolitres d'os coûtent 131 fr. 25 c., pris à Londres ou dans les manufactures qui les broient; les quinze cents kilog. de tourteaux pulvérisés coûtent 253 fr.; s'il s'agit de terres calcaires ou graviers arides, on met quinze cents kilog. de chiffons de laine qui coûtent, sans être coupés, 170 fr., pris au dépôt, ou enfin un engrais nouveau, le nitrate de soude, à raison de cent vingt-cinq kilog. par hectare, ce qui coûte 72 fr.

Le principe des fermiers écossais est de ne jamais ensemencer un champ qu'on ne peut pas très-bien fumer, ou qui n'est pas assez fertile pour produire une récolte complète : ils achètent donc chaque année tous les engrais nécessaires pour des sommes très-fortes, mais ils savent bien que cet argent leur rentrera avec un fort intérêt, souvent même en se doublant. Lorsqu'ils ont une bonne terre qu'ils ne peuvent pas fumer abondamment pour faire croître leurs racines, ils la préparent bien, et au lieu de semer au semoir, ils sèment au plantoir. Ils déposent dans les trous un peu de poussière d'os et puis la graine, ou bien de la poudrette et du noir animalisé, à raison de cinq à six hectolitres par hectare ; comme ils font consommer les racines sur le terrain, les récoltes suivantes n'ont pas à souffrir de cette récolte de racines venues avec si peu d'engrais ; il faut observer que les tourteaux et le nitrate de soude, employés de cette manière, avaient détruit la semence.

Une chose à laquelle il faut faire attention, c'est que les bons cultivateurs d'Angleterre et d'Écosse sèment presque tous fort épais, soit les céréales, soit les herbages ; ils sèment en froment de deux cent cinquante litres jusqu'à trois hectolitres et demi ; ils se servent du semoir pour déposer la semence à la profondeur voulue, mais pas pour l'économiser : pour l'orge, on met une vingtaine de litres en sus, pour l'avoine, de trois jusqu'à quatre hectolitres quarante litres, le maximum étant toujours pour les semailles tardives ou dans le cas d'un terrain humide ; un semis d'herbage est toujours fait avec plusieurs espèces de graines semées fort épais ; ainsi, par exemple,

M. Smith de Deanston, un des cultivateurs les plus remarquables d'Écosse, sème quatre kilog. de trèfle rouge, huit kilog. de trèfle blanc, quatre kilog. de lupuline, quatre kilog. de dactyle pelotonné, quatre kilog. de fléole des prés et trente-cinq litres de ray gras.

Sur la ferme-modèle de lord Ducie, à Whitefield, près de Glocester, on sème onze kilog. de trèfle rouge, autant de trèfle blanc et quatre-vingt-huit litres de ray gras d'Italie. Il est à remarquer que partout où le ray gras d'Italie a été semé comparativement au ray gras anglais, ce dernier a toujours été dédaigné pour celui d'Italie qui était toujours brouté rez-terre par toute espèce de bétail.

Maintenant on s'occupe beaucoup du choix des diverses variétés : froments, orges et avoines ; je vais donner les noms des espèces que j'ai entendu recommander comme très-bonnes :

Froment de Poméranie.
          Witthington (de printemps).
          rouge de Bretagne.
          rouge de Brodie.
          rouge de Lamas.
          Talavéra.
          primé à Oxford.
          blanc de Foak.
          blanc de Fireter.
          rouge de Lungley.
          rouge de Chiddam.

Froment blanc de Flandre.

rouge de sang.

rouge Golden drop.

rouge de Flandre à épis courts.

éclipse.

de Hunter.

de Chevalier.

Syra.

Thick seat suffolk.

Tunsthal.

Pearl.

Hickling prolific pour terres légères.

lord Western's.

Essex blanc.

Sherrif.

red straw wkite.

Salmon brown.

silver drop.

shorte traw whiterld.

Mongowells.

Uxbridge.

White , Russel , Neuw , Bloom , Weat , Lynch.

Jersey dantzig ou gros blanc.

pâle du Cap.

Marigold wheat.

Barrel wheat.

Brown's white Chevalier.

golden swan Trumps.

Froment   Trumps.

           Red Britannia.

Avoine   Cuppar grange.

           Patate.

           Dun, avoine d'hiver.

           noire et blanche de Tartarie.

           Hopetoun.

           Sandy.

Orge   Chevalier.

Betteraves, globes de trois couleurs, bonnes et très-productives.

Rutabagas Skirvings.

           Bloomfield.

           Matson.

           Dales hybrid.

J'ai rapporté les trente premières espèces de froment que j'ai partagées entre cinquante cultivateurs français distingués, ainsi que des avoines et des rutabagas et navets de plusieurs variétés.

On part, en Angleterre et en Écosse, du même principe pour la nourriture des bestiaux que pour la fumure des terres ; on préfère en avoir moins et les très-bien nourrir que de faire, comme dans une grande partie de la France, où l'on n'est préoccupé que de l'idée d'avoir le plus de bestiaux avec le moins de nourriture possible, aussi, nos bêtes n'arrivent-elles à leur taille qu'à sept et huit ans, tandis qu'en Angleterre elles ont fini leur croissance à quatre ans ; on me dira peut-être qu'il est facile à nos voisins de nourrir abondamment, parce qu'ils ont beaucoup de prés et que leur climat humide favorise les récoltes de foin, mais à cela je répondrai que nous avons pour nous nos luzernes et sainfoins qui sont à peu près inconnus dans ces pays ; que, si nos sécheresses nous empêchent d'avoir facilement de belles récoltes de navets, il y a encore bien des parties de la France où les rutabagas viennent bien et qu'enfin les pommes de terre, les carottes, et surtout les betteraves viennent à merveille sous notre climat, et que, lorsque nos cultivateurs voudront préparer leurs terres qu'ils destinent aux racines aussi bien que les Écossais, lorsqu'ils les fumeront aussi abondamment, lorsqu'ils les sarcleront suffisamment et les éclairciront à temps, ils n'auront plus à se plaindre de ce que ces récoltes coûtent trop pour ce qu'elles produisent : *Règle générale*, les demi-récoltes sont toujours ruineuses, aussi, faut-il faire tout ce qui dépend de nous pour en obtenir de complètes.

Une chose qu'on regarde comme très-utile dans ce pays là, c'est l'emploi du tourteau de lin pour la nourriture des vaches à lait : on donne quatre livres de tourteau à chaque vache, cela augmente la quantité et la qualité du lait et la richesse du fumier. Lors de l'introduction des mérinos en France, leur laine avait une grande valeur et formait le principal produit du troupeau ; depuis long-temps, les prix de la laine sont en baisse, parce qu'on s'est occupé, dans beaucoup d'autres pays, d'élever des moutons à laine fine, et cela dans des endroits où, il y a cinquante ans et moins, il n'y avait qu'une petite quantité de mauvais moutons ou point du tout. En 1813, on importa sept millions et demi de livres de laine étrangère en Angleterre, et un million de livres provénant des colonies anglaises; l'Angleterre en produisit cette année là cent vingt millions de livres; en 1838, on en importa :

d'Allemagne. . . .	27,500,000 livres.
de Russie	4,000,000
d'Espagne.	1,800,000
d'Italie	1,758,000
de l'Inde	2,000,000
Nouvelle-Hollande .	5,323,000
Terre de Vandiémen	2,421,000
Rio de la Plata. . .	1,100,000
du Chili	650,000
du Pérou	2,300,000
TOTAL. .	48,852,000

En 1839, on a importé à Londres :

De la Nouvelle-Hollande.	9,997,741 livres.
d'Espagne.	1,286,783
d'autres pays . . .	9,947,712
et dans d'autres parties de l'Angleterre	20,834,479
TOTAL . . .	42,066,715

En 1840, les laines importées des différentes provenances s'élevaient au chiffre de 56,734,625, à 1 fr. 65 c. la livre : ainsi, l'importation de 1840 est près de huit fois celle de 1813.

On s'attend à ce que, d'ici à peu d'années, les colonies anglaises en fourniront trois fois autant qu'elles en fournissent maintenant, car on place des sommes considérables dans cette spéculation qui est extrêmement profitable, cela ne doit pas décourager les cultivateurs français. Mais au lieu de regarder la laine comme le point capital, ils doivent regarder la viande fournie par les moutons comme la chose essentielle, car les pays étrangers, infiniment mieux placés que la France pour l'élève des moutons, pourront l'inonder de laine, tandis que la viande des troupeaux de l'Australie ne nous fera jamais concurrence.

Parmi beaucoup d'instruments aratoires qu'il serait à désirer que le gouvernement fît importer, pour qu'ils pussent servir de modèle à nos manufacturiers, je citerai les suivants comme étant du plus grand intérêt, même pour les cultivateurs qui devraient eux-mêmes en faire l'importation.

1. Une machine à battre ambulante qui bat 10 hectolitres de froment par heure, au moyen de quatre chevaux ; elle coûte, avec ses roues et tous ses accessoires et perfectionnements (1),   1,625 fr. » c.

A reporter. . . . 1,625 fr. » c.

---

(1) Cette machine a battu vingt-un hectolitres et soixante-un litres pendant le travail d'une heure, lors du concours de Cambridge, 1840.

		fr.	c.
Report.	1,625	fr.	» c.
1. Un scarificateur de Biddel . . .	387	50
2. Charrue à versoirs changeants, toute en fer, la plus parfaite qui existe	210	»
2. La charrue à fouiller le sous-sol sans le ramener à la surface, pour terres fortes	212	50
2. La même pour terres ordinaires ou légères	125	»
2. La même avec un versoir qui se fixe et s'enlève à volonté, de manière à n'exiger qu'un attelage de quatre chevaux, au lieu d'un de quatre et d'un second de deux chevaux	212	50
2. Un extirpateur de fynlaison . .	200	»
2. Charrue à double versoir formant une houe à cheval	137	50
2. Râteau à cheval	100	»
2. Râteau à bras avec deux petites roues	56	25
2. La faulx à manche en fer pour moisson	14	35
2. Tous les outils pour faire les rigoles d'assainissement	200	»
1. La machine à faner	325	»
A reporter	3,805	fr. 60 c.

Report . . . 3,805 fr. 60 c.

1. Une machine à briser les tourteaux . . . . 150 »

2. Charrue à former les rigoles de
desséchement, et qui sert aussi à ramener le sous-sol de la
profondeur de quinze pouces. 275 »

TOTAL. . . . . 4,230 fr. 60 c.

Les instruments qui sont précédés du numéro 1, se trouvent chez MM. Ramson, manufacturiers à Ipswich, comté de Suffolk, qui rendent les instruments à Londres. Les instruments précédés d'un 2 se trouvent chez MM. Drummond, à Stirling, en Écosse; ils expédient aussi à Londres. Une machine à battre, à poste fixe, de la force de six chevaux, avec tous les perfectionnements, coûterait 3,750 fr., et battrait et vannerait complètement cent cinquante hectolitres de froment par jour.

Presque partout, en Angleterre, on sème les grains au semoir, en lignes espacées de six à neuf pouces anglais. Ces semoirs sont fort compliqués et par suite chers; cependant, tous les cultivateurs anglais regardent leur adoption comme un grand avantage; en Écosse, on se sert encore peu du semoir, et celui qui y est employé est fort simple; un bon semoir à céréales coûte de 500 à 600 fr.

Le semoir à turneps, qui sème deux lignes à la fois et en même temps jusqu'à vingt-cinq et même vingt-huit hectolitres de poussière d'os par hectare, est celui qu'on estime le plus en Angleterre : on le paie de 300 à 500 fr., on peut se le procurer chez MM. Ramson.

Une chose que j'ai remarquée presque partout dans les deux pays, c'est que les fermiers se louent infiniment de leurs propriétaires, je n'ai trouvé que deux fermiers qui eussent à s'en plaindre.

Il faut remarquer aussi combien la plupart des fermiers ont à cœur de bien traiter leurs ouvriers, de les mettre dans une position aisée, de leur fournir de l'ouvrage pendant toute l'année; ils ont, autant que possible, des domestiques mariés, afin d'en avoir très-peu à nourrir, encore ceux-ci se nourrissent-ils avec du lait, de la farine d'avoine et des pommes de terre dont ils reçoivent une certaine ration par jour : cet usage évite bien des embarras aux fermiers et surtout à leurs femmes qui sont des dames fort bien placées dans un salon.

Une chose qui favorise infiniment la culture dans les îles britanniques, c'est la grande facilité des communications, soit par mer, soit par les nombreux canaux, rivières, chemins de fer, routes et chemins communaux et vicinaux, qui sillonnent le pays en tout sens; tout canton, qui manque de communications, peut établir des routes à barrière qui fournissent au paiement des intérêts du capital employé à l'entretien de la route; c'est là une des causes qui ont le plus contribué à multiplier les communications en Angleterre.

Il se forme, depuis quelques années, en Angleterre et en Écosse, des clubs de fermiers, qui se réunissent une fois par mois dans le principal marché du canton; les membres souscrivent pour une petite somme qui sert à acheter des livres d'agriculture, à s'abonner aux journaux agricoles; on y discute sur les bonnes méthodes agricoles, sur les intérêts de l'agriculture; une partie des membres se charge de faire des expériences sur les choses nouvelles et puis en rend compte : ces institutions ne serviront pas peu à répandre dans les campagnes l'instruction agronomique. Plusieurs de ces clubs donnent des prix aux meilleurs domestiques et ouvriers, à ceux qui ont servi le plus long-temps dans la même maison, à ceux qui font des économies et les placent, aux bergers qui élèvent le plus d'agneaux en proportion des brebis, aux charretiers qui peuvent prouver qu'ils ne sont jamais rentrés avec leur attelage étant ivres, aux journaliers qui cultivent le mieux leur jardin, à ceux qui réussissent le mieux à élever des abeilles, etc.

La société royale d'agriculture anglaise, formée au commencement de 1839, se compose maintenant de plus de trois cents membres nommés gouverneurs, qui paient chaque année 125 fr. de souscription, et de près de trois mille membres qui paient annuellement 25 fr., ce qui lui forme un revenu de plus de 100,000 fr., sans compter les nombreux dons volontaires qui affluent à la caisse. Elle a une maison à Londres où se tiennent les réunions hebdomadaires de son comité permanent et où ses membres peuvent se réunir tous les soirs ; on y a formé une bibliothèque composée de tous les bons ouvrages d'agriculture connus ; elle a organisé un concours annuel de bestiaux, de labourage, etc., qui a lieu tous les ans dans une autre ville. En 1839, au mois de juillet, elle s'est réunie à Oxford, où elle a donné des prix s'élevant à la somme de 22,500 fr. L'année dernière sa réunion s'est tenue, les 14, 15 et 16 juillet, à Cambridge, où il a été distribué des prix pour une somme de plus de 30,000 fr. : cette année, elle aura lieu à Liverpool. La société d'agriculture des hautes terres d'Écosse, qui existe depuis plus de quarante ans, lui a servi de modèle, et il s'en forme maintenant une semblable en Irlande.